UNION ÉCONOMIQUE + +
+ + +

Chambre de Commerce de +

HONFLEUR, CHERBOURG

..., FLERS & ALENÇON

LES

...S DE FER

... CALVADOS

...ORNE & DE LA MANCHE

1914

..., 6, Place Saint-Pierre

CAEN

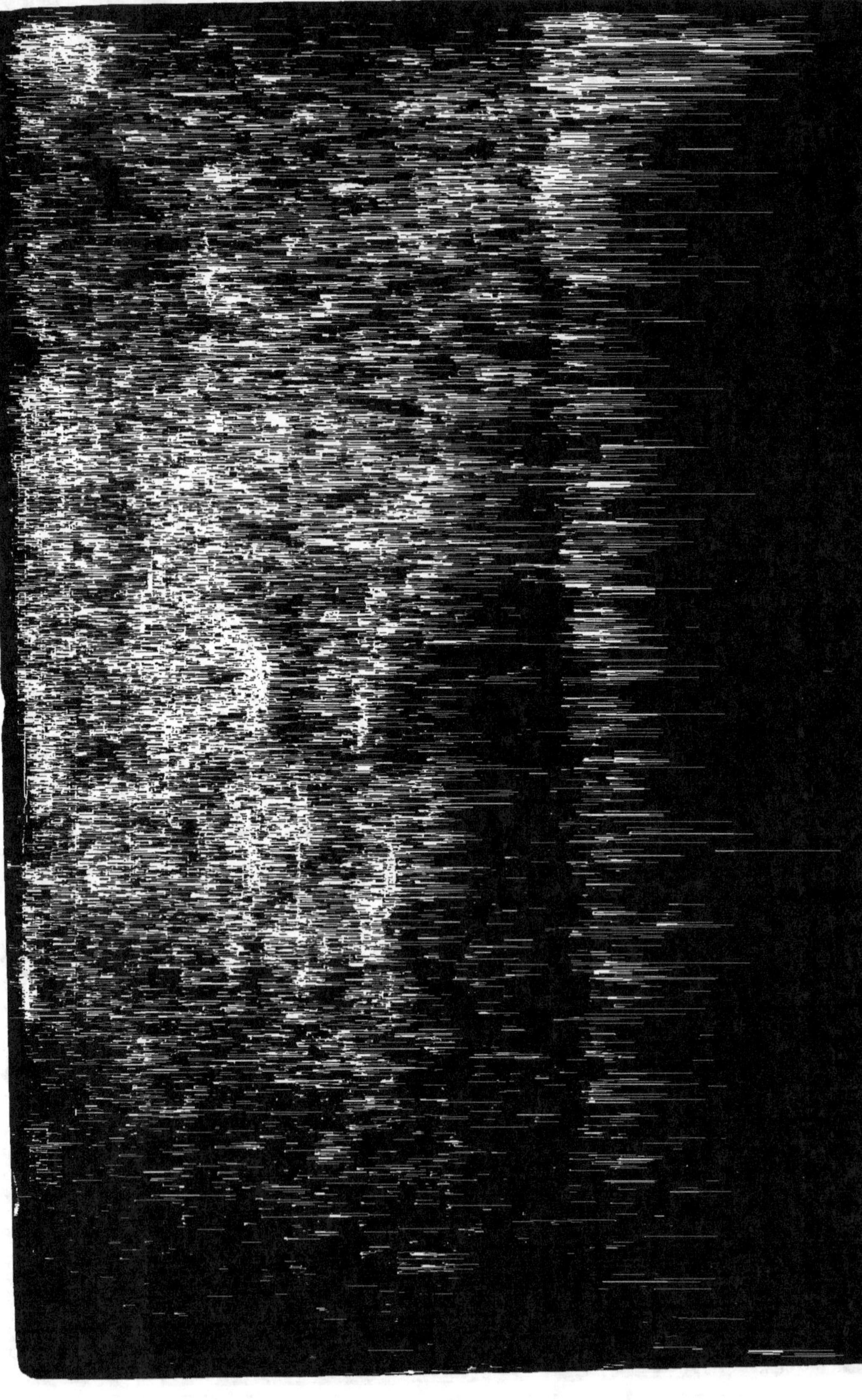

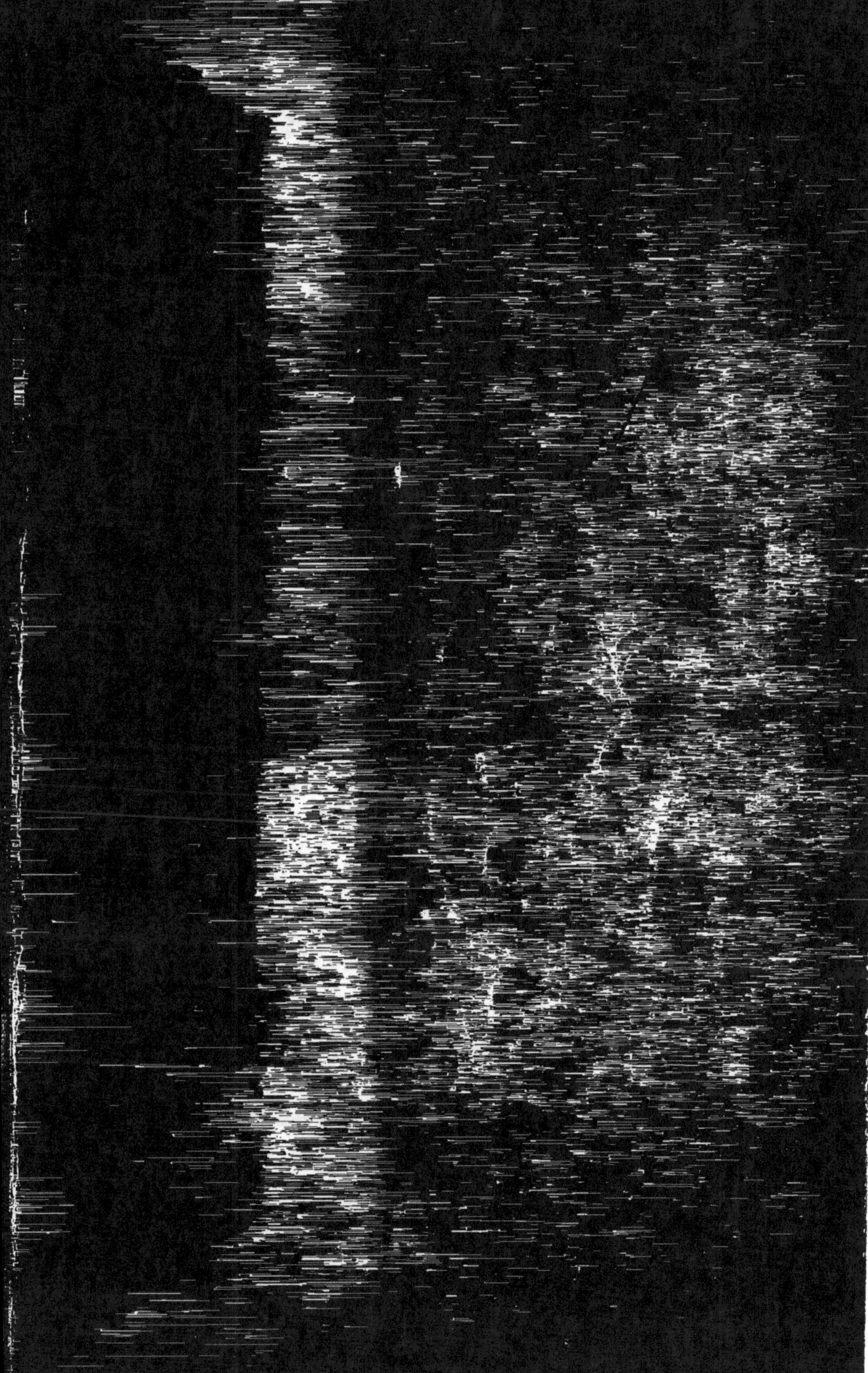

❖ ❖ IVe RÉGION ÉCONOMIQUE ❖ ❖
❖ ❖ ❖

❖ Chambres de Commerce de ❖
CAEN, HONFLEUR, CHERBOURG
GRANVILLE, FLERS & ALENÇON

LES

MINES DE FER

DU CALVADOS

DE L'ORNE & DE LA MANCHE

1924
❖
Hôtel d'Escoville, 8, Place Saint-Pierre
❖ CAEN ❖

Extraire notre minerai de fer,
favoriser son exportation,
c'est faire rentrer en France de l'or
et contribuer ainsi à une
œuvre d'Intérêt National

AVANT-PROPOS

Bien avant la guerre, l'opinion publique s'était beaucoup occupée des Mines de Fer de Basse-Normandie et des Industries devant se créer dans cette région par suite d'une exploitation intensive des Mines.

Les Chambres de Commerce de la Région de Basse-Normandie, particulièrement celles de Caen et de Flers, se sont constamment préoccupées de la mise en valeur des Mines et ont toujours soutenu les prospecteurs et les industriels qui, aux richesses agricoles de la Basse-Normandie, voulaient ajouter les richesses nouvelles de l'industrie du fer.

La guerre finie, de nouveau il est question des Mines de Fer de Basse-Normandie, et c'est pour cette raison que nous faisons paraître cet ouvrage.

Son but n'est pas de publier une nouvelle étude scientifique des gisements de minerai de fer de Basse-Normandie, cette étude a été faite par des savants, qui n'ont peut-être pas été suivis comme il convenait à l'époque où ils écrivaient, mais qui néanmoins peuvent revendiquer le titre de pionniers et d'ouvriers de la première heure.

Le Comité Régional de Basse-Normandie, poursuivant l'inventaire des richesses de sa région, ayant déjà publié l'Atlas Régional (1922), l'Atlas Touristique (1923), continue cet inventaire par une description des Mines de Fer. Nous ne reviendrons pas sur tout ce qui a été écrit avant la guerre, nous avons voulu pour répondre aux nombreuses demandes de renseignements qui nous sont faites, concernant les Mines de Fer de Basse-Normandie, offrir à nos lecteurs un ouvrage de documentation simple, pratique et mis à jour.

Nous refusant à transformer ou à démarquer les articles écrits sur cette question, nous préférons les présenter complets sans aucune restriction, ni suppression. Ils donneront lieu peut-être à quelques répétitions, mais qui ne diminuent en rien la valeur de chacun d'eux, l'un complétant l'autre. Ces articles ont paru dans des quotidiens ou dans des revues industrielles de 1920 à 1924, les auteurs en sont connus.

Avant la guerre, il nous a été personnellement donné de formuler notre opinion sur cette question; nous renvoyons nos lecteurs aux rapports que nous avons soumis à la Chambre de Commerce de Caen pendant les années de 1908 à 1913. La guerre n'a pas modifié notre opinion, et aujourd'hui comme hier, nous souhaitons l'exploitation complète de nos mines, et l'exportation la plus grande et la plus large de nos minerais de fer.

Nous avons complété les différents articles par des tableaux concernant la production du minerai de fer dans toutes les mines exploitées, le mouvement d'exportation du minerai par le port de Caen, et nous y avons ajouté une étude sur le charbon en Normandie des plus intéressantes : les graphiques présentent le mouvement des ports de la région : Caen, Cherbourg, Honfleur, Granville. Le premier étant jusqu'ici port de minerai, les autres susceptibles de le devenir lors d'une extraction intensive de minerai de fer et après les travaux d'agrandissements projetés dans ces ports. Une bibliographie termine l'ouvrage, bibliographie à laquelle nous renvoyons ceux de nos lecteurs soucieux de posséder une documentation plus complète.

Nous remercions tous ceux qui nous ont aidé et fourni des renseignements très précieux, MM. les Directeurs des Mines, et M. l'Ingénieur des Mines de l'Arrondissement, MM. les Ingénieurs en Chef des Ponts et Chaussées du Calvados, de l'Orne et de la Manche.

Nous souhaitons que cet ouvrage réponde aux désirs de ceux qui nous ont interrogé. Nous espérons qu'il contribuera à une connaissance plus complète d'une des richesses principales de la Basse-Normandie et nous sommes convaincu que dans l'avenir nos enfants recueilleront le fruit des efforts que fait aujourd'hui le Comité Régional de Basse-Normandie.

R. DEVAUX,

Secrétaire Général de la Région Économique
de Basse-Normandie

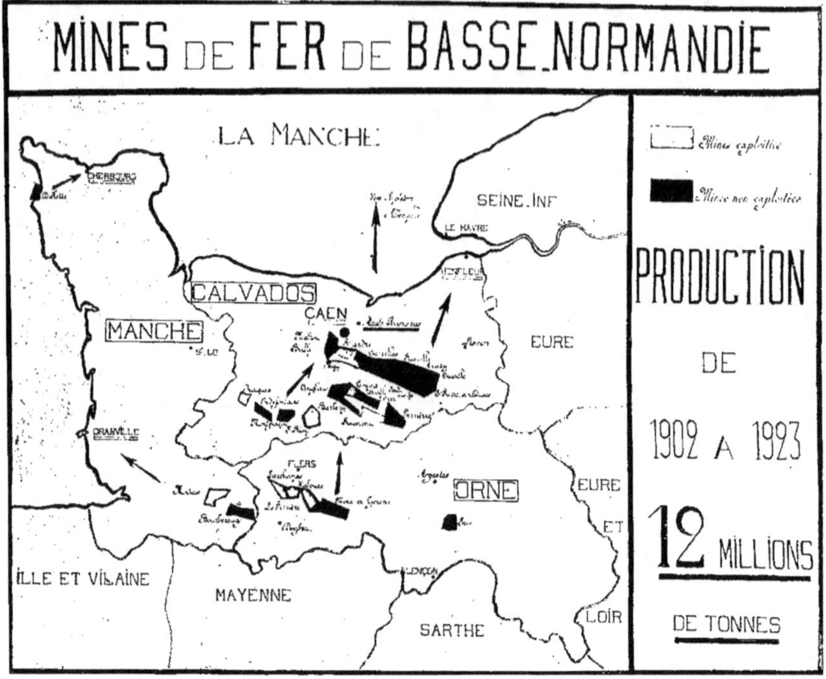

MINES DE FER DE BASSE.NORMANDIE
LA MANCHE
SEINE.INF
LE HAVRE
CALVADOS
CAEN
MANCHE
EURE
GRANVILLE
FLERS
ORNE
EURE
ET
LOIR
ILLE ET VILAINE
MAYENNE
SARTHE
ALENCON
Mines exploitée
Mines non exploitée
PRODUCTION
DE
1902 A 1923
12 MILLIONS
DE TONNES

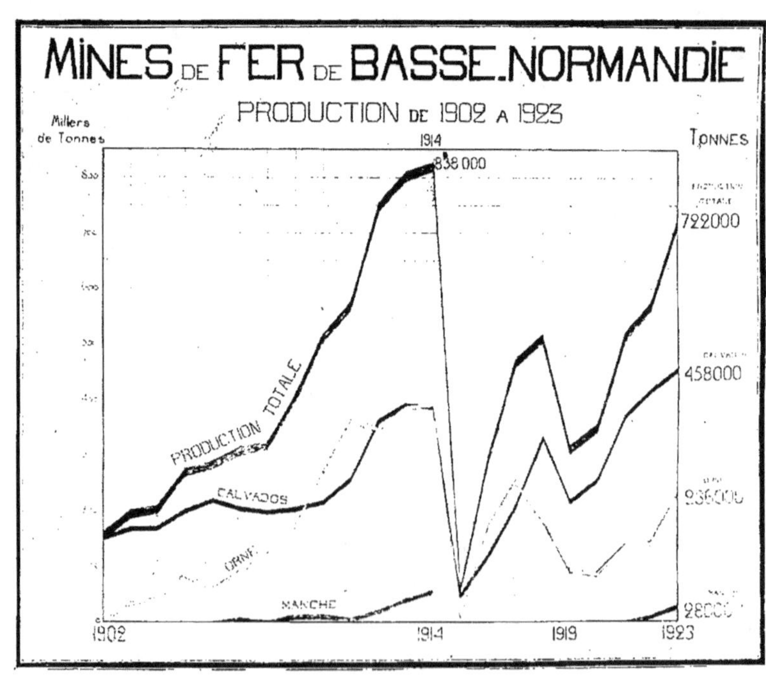

MINES DE FER DE BASSE.NORMANDIE
PRODUCTION DE 1902 A 1923
Milliers
de Tonnes
Tonnes
1914
838.000
722000
PRODUCTION TOTALE
458000
236000
PRODUCTION TOTALE
CALVADOS
ORNE
MANCHE
28000
1902
1914
1919
1923

Les Gisements Miniers de l'Ouest de la France

De tous les gisements français qui peuvent actuellement alimenter les usines sidérurgiques anglaises, ceux de l'Ouest, c'est-à-dire ceux de Normandie, Anjou, Maine et Bretagne, sont à de nombreux points de vue et surtout au point de vue géographique, particulièrement bien placés pour leur alimentation.

Toutes les mines ouvertes ou à ouvrir en cette région sont en effet situées à très grande proximité de la mer puisque celles du district de Segré, bassin angevin, les plus éloignées des ports d'embarquement ne sont respectivement distantes par rail, de Nantes et de Saint-Nazaire, que de 85 et 135 kilomètres et que les mines de la Ferrière et d'Halouze, les plus méridionales de celles actuellement travaillées en Normandie, sont de leur côté entre 75 et 80 kilomètres de Caen.

D'autre part la question des frets se présente dans des conditions relativement favorables, puisque toute la région de l'Ouest de la France doit s'approvisionner normalement de charbon étranger, que ce charbon étranger doit être, en raison de son rapprochement plus particulièrement d'origine anglaise et que les navires charbonniers peuvent trouver dans les minerais de fer un fret de retour intéressant permettant de rendre, par suite de son influence relative sur le prix du fret d'aller, les échanges entre la France et l'Angleterre plus faciles et plus étendus.

Si l'on se reporte à la statistique de 1912, année d'avant-guerre certainement, mais année où les conditions étaient assez normales et dont l'on peut espérer voir revenir les caractéristiques dans un avenir plus ou moins rapproché quand nos mines du Nord et du Pas-de-Calais auront repris leur activité, on voit que pour les trois seuls ports de Nantes, Saint-Nazaire, Caen, l'importation de charbon avait atteint 2.289.797 tonnes, celle des cokes 19.686, soit au total 2.309.483 tonnes de combustibles débarqués.

Sur ce total 1.976.535 tonnes provenaient d'Angleterre.

Y avait-il en face de ce tonnage important de charbon un tonnage d'exportation comparable de minerais de fer ? Nullement, puisque en cette même année le port de Caen n'expédiait vers la Grande-Bretagne que 93.604 tonnes et que les ports réunis de Nantes et de Saint-Nazaire n'arrivaient même pas à ce total.

Sans doute il faut y voir une cause dans le fait qu'avant la guerre un très grand nombre d'usines allemandes avaient repris des participations importantes dans les mines de fer de l'Ouest de la France et qu'un courant de minerai vers la Wesphalie s'était établi très puissant qui venait contrecarrer les efforts de nos exportateurs vers l'Angleterre. A Caen plus spécialement l'exportation vers l'Allemagne, qui n'était que de 131.193 tonnes en 1908, était passée à 348.281 en 1913, ayant presque triplé alors que pour les deux mêmes années la Grande-Bretagne n'intervenait que pour 81.999 et 144.409 tonnes, qu'elle n'avait donc pas même doublé ses demandes à notre pays ; un fait encourageant résidait par contre dans l'observation que de 1912 à 1913 les embarquements à Caen pour l'Angleterre avaient crû de 93.604 tonnes à 144.409, alors que ceux vers l'Allemagne s'étaient maintenus pour les deux années aux environs de 350.000 tonnes, il y avait donc une tendance très nette à des fournitures plus importantes du gisement normand vers l'Angleterre et maintenant que les mines ou intérêts possédés par les Allemands en Normandie, en Anjou, ou en Bretagne vont revenir par suite du Traité de Paix et des liquidations des séquestres à des propriétaires français, l'échange entamé entre la France et l'Angleterre pour les minerais de l'Ouest doit croître dans les années qui vont venir.

L'étude des gisements de Normandie, Anjou et Bretagne, si sommaire qu'elle sera dans les lignes qui vont suivre, en expliquant les caractéristiques physiques et chimiques du minerai, montrera combien au point de vue de l'alimentation des usines anglaises les bassins de l'Ouest de la France ont une importance tout à fait remarquable.

Le gisement de Normandie, à proprement parler, s'étend sur les trois départements du Calvados, de la Manche et de l'Orne. Il est au point de vue de l'importance le second district producteur de minerais de fer en France, bien que (chiffres de 1912) il ait représenté simplement 4,08 % de la production française, alors que la Meurthe-et-Moselle contribuait pour 90,66 % dans la production de notre pays.

En 1920, dernière année pour laquelle des statistiques provisoires ont paru la proportion n'est plus que de 3,55 0/0. La diminution tient au fait du retour à la France des gisements de l'ancienne Lorraine annexée ; elle est pourtant moins forte que n'aurait pu le faire supposer ce retour ; cela tient à la destruction de nombreuses mines et usines de l'Est de la France.

Quoi que puissent faire présager à première vue les chiffres proportionnels de la statistique, la production du gisement de Normandie avait été très sensiblement augmentée au cours des dernières années qui précédèrent la guerre et l'année 1913, avec 831.637 tonnes était particulièrement favorable ; pour l'année 1914 on pouvait escompter une production de plus d'un million. De grands travaux d'aménagement étaient entamés dans les mines de Soumont, de Saint-André et de Barbery en particullier pour n'en citer que quelques-unes, et si la guerre n'était pas arrivée très certainement les gisements de Normandie seraient équipés actuellement pour une production annuelle de plusieurs millions de tonnes.

Où devait aller ce minerai au fur et à mesure de l'extraction ? Une partie appréciable en aurait été consommée dans les usines du nord de la France : Halouze et la Ferrière ont des mines qui appartiennent aux aciéries de France et de Denain-Anzin : les usines de ces dernières à Isbergues et à Denain devaient recevoir une part prépondérante de leur extraction : les Forges et Aciéries du Nord et de l'Est à Valenciennes puissamment intéressées aux mines de Larchamp devaient allier les riches minerais de cette concession à ceux de la concession de Pienne, en Meurthe-et-Moselle et en espéraient un lit de fusion tout particulièrement favorable ; ces trois mines d'Halouze, la Ferrière et Larchamp, toutes trois situées sur le synclinal élémentaire de la Ferrière, avaient prcduit en 1913, 373. 900 tonnes de minerai marchand c'est-à-dire 45 0/0 de la production normande. De nouvelles usines en construction à Pont-à-Vendin et à Dunkerque dans le Nord devaient également recevoir de Normandie une part très importante de leurs besoins en minerais.

Mais ce n'était pas tout ; des hauts-fourneaux en cours de montage dans le Calvados même, fourneaux auxquels s'annexaient aciéries et laminoirs devaient s'alimenter à la mine de Soumont et par une union d'intérêts avec des usines Westphaliennes, pratiquer l'échange de fines à coke contre du minerai réalisant ainsi, tout au moins au point de vue des transports, le but vers lequel doivent tendre maintenant les maîtres de forges anglais.

D'autres concessions, dans lesquelles ils possédaient des intérêts par l'intermédiaire de négociants hollandais, s'outillaient également pour une forte production, passant avec leurs actionnaires clients ordinaires, des marchés à longue échéance.

Depuis la guerre la situation a fortement changé, les usines du nord de la France, comme Denain, Isbergues, Valenciennes et Pont-à-Vendin, ont été ou complètement détruites par les Allemands, ou tellement atteintes dans leurs œuvres vives qu'il a fallu ou qu'il faudra de longues années pour les remettre sur pied.

Il y eut là une cause de diminution très sensible de la production des mines de Normandie. L'usine métallurgique de Caen reprise par une nouvelle Société, qui en a éliminé les éléments allemands, atteinte par la crise métallurgique actuelle, ne put de son côté avoir son développement aussi rapide qu'elle l'avait espéré.

Aussi le gisement Normand doit-il se tourner de plus en plus vers l'exportation et il le peut d'autant plus que la remise en route des usines du Nord, qui ne peut se faire que progressivement, ne gênera nullement l'exportation future, le développement des mines de la région normande pouvant très largement suivre l'accroissement de la consommation sans qu'aucun intérêt particulier soit compromis.

Les minerais de Normandie sont d'origine sédimentaire ; ils se présentent en couches dans l'étage silurien ou plus exactement dans les schistes à calymèmes de la période ordovicienne.

Les minerais affleurent généralement dans des synclinaux parallèles d'une direction générale nord 115° est, synclinaux dont 4 sont plus complètement reconnus qui viennent buter à l'ouest contre des terrains éruptifs ou des phyllades précambriennes qui s'enfoncent au contraire vers l'est sous des formations jurassiques d'épaisseur croissante au fur et à mesure que l'on s'éloigne des affleurements.

La reconnaissance du gisement a donc pu être facile dans toute la partie affleurante où par de simples petits travaux de surface, on pouvait mettre à jour la tête des formations ferrugineuses ; vers l'est au contraire, le recouvrement jurassique a nécessité de nombreux sondages et ce n'est que dans les toutes dernières années qu'en particulier à l'est de May, le prolongement des couches a été reconnu de très longues distances ; cela a conduit tout récemment au début de 1921, à une série de concessions nouvelles octroyées par le gouvernement et qui portent à elles seules sur une surface presque comparable à celles des anciennes concessions distribuées de 1875 à la guerre.

Dans chacun des synclinaux on rencontre une ou plusieurs couches ;

d'une manière générale dans ceux du nord, qu'il s'agisse de ceux de May, d'Urville, de Falaise ou de la Ferrière, on n'a affaire qu'à une seule zone minéralisée occupant dans les schistes à calymène une place sensiblement constante, tantôt à leur contact avec les grès armoricains, d'autres fois à une quarantaine de mètres de ce contact.

Dans d'autres synclinaux plus au sud, entre Alençon et Bagnoles, on arrive à trouver 5 horizons ferrugineux répartis plus ou moins régulièrement sur la hauteur des mêmes schistes à calymème et plus ou moins importants ; un horizon assez constant se trouve dans la région de Bagnoles presque au contact de l'étage connu sous le nom de grès de May et un horizon semblable se rencontre dans le bassin de Sées, où une concession de 649 hectares vient d'être tout récemment instituée à la suite de travaux de recherches remontant à plusieurs années.

L'épaisseur et l'aspect d'une même couche sont assez sensiblement constants dans un même synclinal, ou plutôt tout le long d'un même flanc de synclinal car ils peuvent varier sensiblement d'une lèvre à l'autre. D'un synclinal à l'autre, l'allure est au contraire assez différente, comme si, suivant M. Barrois, le dépôt originaire correspondant aux lèvres d'un même synclinal ou à des synclinaux différents s'était étendu primitivement sur des surfaces très considérables et n'avait été rapproché aux temps actuels que par des événements géologiques excessivement puissants de compression et de redressement ayant mis face à face des régions naturellement de sédimentation différente par suite de leur éloignement.

Le pendage est toujours considérable, variant de 30 à 85, et sauf dans la région de Saint-Rémy, on ne connaît pas le fond des synclinaux : certains auteurs comme M. Cayeux, pensent que les deux lèvres d'un même synclinal peuvent ne se rejoindre qu'à plusieurs milliers de mètres de la surface : il y aurait donc ainsi des réserves de minerai formidables dans le bassin normand.

Le minerai se présente sous la forme d'un carbonate colithique ou sous forme d'hématite, l'un ou l'autre pouvant exister simultanément; l'hématite passant d'ailleurs à une profondeur plus ou moins grande, toujours à la forme du carbonate.

Les hématites normandes sont principalement produites à l'heure actuelle dans les exploitations de Saint-Rémy, de Saint-André et de May.

Les minerais de Saint-Rémy sont de tous les minerais normands les plus remarquables au point de vue de la richesse, ils contiennent en effet 52 à 55 0/0 de fer, 10 à 12 de silice, 3 d'alumine, 2,5 d'ensemble de chaux et de magnésie, 0,6 à 0,7 de phosphore et 3 0/0 d'eau. A Saint-André et à May, la teneur en fer est légèrement plus faible, variant entre 46 et 51 pour 14 à 16 de silice 0,6 à 0,7 0/0 de phosphore, les autres éléments se trouvent en même proportion que dans les minerais de Saint-Rémy.

Les autres concessions contiennent surtout ou exclusivement des carbonates que l'on doit calciner avant expédition, de manière à éviter le transport de matières inutiles, carbonates dont la calcination exige d'ailleurs des quantités très faibles de combustible, 12 à 15 kilos par tonne de minerai brut.

Le rendement à la calcination varie assez sensiblement suivant les exploitations : il est le plus fort aux mines de la Ferrière-Halouze et Larchamp, où il oscille entre 75 et 79 0/0 et les minerais sortis des fours pour ces trois exploitations contiennent :

A Halouze, 48 à 49 de fer pour 14 à 16 de silice ;

A la Ferrière 47 à 49 de fer pour 13 à 15 de silice ;

A Larchamp 48 à 49 de fer pour 14 à 15 de silice.

La proportion d'alumine y varie de 4 à 7 ; l'ensemble chaux et magnésie de 3,5 à 4,5 ; le phosphore reste entre 0,6 et 0,7 ; ces carbonates grillés sont donc relativement riches et les trois mines précitées sont d'ailleurs celles du bassin qui sont à ce point de vue les plus intéressantes.

Soumont ne donne guère après grillage que 45,9 de fer, la proportion de silice étant plus forte que dans les exploitations précédentes : à Mortain, Bourberouge, et Jurques la teneur est à peu près analogue à celle de Soumont.

De ce qui précède il résulte que les différents minerais, s'ils sont assez siliceux, sont en général à teneur assez élevée en fer. Leur composition montre qu'ils ne sont pas seulement convenables pour la fabrication des fontes basiques pour le procédé Thomas mais aussi peuvent constituer d'excellents minerais de mélange ; sans addition de fondants, ils sont capables de donner des fontes pour affinage pour le procédé sur sol.

En outre les carbonates calcinés sont généralement poreux comme l'indique le poids brut du mètre cube, qui après passage aux fours de calcination correspond en vrac entre 1.600 et 1.650 kilogs ; il y a donc là au point de vue de la réduction au fourneau un avantage excessivement sensible.

EXPLOITATION

En ce qui concerne la façon dont ces minerais se présentent au point de vue géologique et au point de vue de l'exploitation on peut distinguer en Normandie, 4 régions principales correspondant chacune à un synclinal particulier : quatre ceux de May, d'Urville, de Falaise, et de la Ferrière.

Celui qui est situé plus au nord comprend les concessions de May, Saint-André, Bully et Maltot qui lui étaient attribuées avant la guerre.

De ces concessions deux sont seulement exploitées : celle de May et celle de Saint-André. A May la couche existe avec une inclinaison de 45°, une épaisseur pouvant atteindre de 4 à 6 mètres, mais sur laquelle 2 m. 50 seulement sont en ce moment exploités, le reste contenant une trop forte proportion de silice. Les travaux conduits par la Société des Mines et Produits Chimiques s'étendent jusqu'à une profondeur de plus de 100 mètres au-dessous de la surface et se développent sur une longueur de plus de 4 kilomètres. Un important siège d'extraction à Lorguichon, situé à proximité du Chemin de Fer minier qui réunit la mine de Soumont, à Caen est prévu par une profondeur de 150 mètres et permettrait de pousser l'extraction à 150.000 tonnes par an.

Le minerai extrait est une hématite à 46-47 de fer. La production qui en 1913 avait atteint 100.189 tonnes, par suite des événements consécutifs à la guerre était tombée en 1919 à 45.256 tonnes pour remonter à 62.051 en 1920.

A Saint-André, exploitée par la Société des Mines de Saint-André, actuellement sous séquestre, la couche presque verticale est reconnue pour le moment jusqu'à une profondeur de près de 100 mètres, on y abat le minerai d'un banc d'hématite de 2^m50 d'épaisseur moyenne surmonté d'un banc carbonaté non encore utilisé : l'extraction, qui était de 89.225 tonnes en 1913, a été en 1919 de 60.956 tonnes, en 1920 de 75.567.

Quand aux concessions de Bully et Maltot, elles n'ont fait jusqu'ici que l'objet de travaux de reconnaissance.

Le synclinal de May que nous avons ainsi décrit sommairement est celui sur lequel les recherches vers l'est ont été le plus poussées depuis quelques années, pour reconnaître sous les formations jurassiques le prolongement des couches exploitées à May et à Saint-André. Leurs résultats ont été assez intéressants pour que le Gouvernement ait cru devoir attribuer au début de 1921 une série de concessions s'étendant vers l'est jusqu'au delà du Chemin de Fer d'Argentan à Mézidon. Ces concessions qui portent le nom de Condé-sur-Ifs, de Fierville, de Garcelles, d'Ouezy, d'Ouville et de Saint-Pierre-sur-Dives couvrent respectivement 1.899, 1.514, 1.341, 2.074, 1.414 et 2.069 hectares, soit au total 9.421 hectares, alors que toutes les autres concessions du département du Calvados, c'est-à-dire toutes celles instituées depuis 1875 jusqu'en 1914, ne couvrent au total que 8.387 hectares.

Le second synclinal, connu quelquefois sous le nom de synclinal de la Brèche-au-Diable ou mieux sous le nom d'Urville, comprend 6 concessions anciennes, celles de Soumont, Perrières, Barbery, Estrées, Gouvix et Urville. Des travaux vers l'ouest, cette fois-ci, ont permis de constater le prolongement de la couche reconnue et la fermeture du synclinal en surface ; ils ont conduit au début de 1921 à l'octroi de la concession de Cinglais sur 1.165 hectares.

De toutes les concessions de ce second bassin, la plus importante est à tous les points de vue, tant à celui de la production actuelle qu'à celui de l'avenir, celle de Soumont qui doit alimenter les Hauts-Fourneaux de Caen, de la Société Normande de Métallurgie auxquels elle est reliée par un chemin de fer particulier.

On y a affaire à une couche de minerai carbonaté sous une inclinaison de 30°, inclinaison qui paraît diminuer un peu en profondeur d'après les résultats de sondage poussés jusqu'à 400 mètres.

Jusqu'à présent la formation est bien reconnue jusqu'à 200 mètres au-dessous de la surface par des descenderies et des travaux en couche qui en ont constaté la continuité sans modification d'allure.

Le minerai après grillage donnant 45,9 de fer, en direction les travaux se sont étendus sur plusieurs kilomètres. Ajoutons pour être plus complet que jusqu'à 60 mètres de profondeur on peut y obtenir de l'hématite qui au delà disparaît complètement.

En 1913, la mine avait extrait 71,637 tonnes de minerai, elle en avait expédié 9.007 tonnes en Allemagne et le reste était resté en stock, depuis cette date les travaux repris par la Société nouvelle qui exploite les Hauts-Fourneaux de Caen, (Société Normande de Métallurgie) ont été surtout poussés en vue de préparer une extraction capable de faire face à la consommation de l'usine une fois construite et de faire des essais de grillage qui ont donné du reste de bons résultats. En 1919 la production de carbonate a été de 40.401 tonnes : 24.042 ont été mises en stock 16.358 passées aux fours de grillage. Au 31 décembre 1919, un stock assez considérable de minerai existait sur la mine : il s'élevait à 271.825 tonnes dont 219.602 de carbonate cru et 52.223 tonnes d'hématite. Il a fortement diminué en 1920 par suite des expéditions à l'usine, il n'était plus en fin d'année que de 228.058 tonnes de carbonate cru. En 1920, Soumont produisit 4.339 tonnes d'hématite et 65.322 de carbonate grillé. La concession de Barbery dans laquelle était intéressée l'usine allemande de Gutchoff-nungshûtte a été naturellement mise sous séquestre au cours de la guerre ; elle est d'ailleurs complètement restée en chômage. La production y avait été en 1913 de 16.624 tonnes de minerai grillé en provenance d'une couche dont on prenait 2.50 à 3 mètres d'épaisseur pour éviter les parties trop siliceuses moins intéressantes : des projets avaient été faits pour que la production atteignît rapidement 300.000 tonnes par an, cela montrait l'importance que les métallurgistes allemands attachaient ayant la guerre aux minerais normands. Soumont, qui devait également alimenter, en partie du moins dans les projets d'alors, les usines Thyssen (Westphalie), était également prévue en 1914 comme devant extraire à partir de 1915-16 500 à 600.000 tonnes annuelles, la guerre en a arrêté le développement mais les installations pourraient d'ores et déjà satisfaire à une pareille production.

Pour ce qui est des autres concessions du même synclinal, qu'il s'agisse de Perrières, de Gouvix, d'Urville ou d'Estrées, concessions anciennes, ou de Cinglais, nouvellement instituée, seule la concession de Gouvix, qui a été reprise par la Société des Forges et Aciéries de Firminy, a été l'objet en ces derniers temps de travaux d'exploitation intéressants pour la préparation de l'alimentation de l'Usine des Dunes près de Dunkerque ; le minerai y est également du carbonate et des fours de grillage sont installés.

L'extraction qui ne correspond qu'à des travaux de préparation est encore naturellement excessivement faible.

Le synclinal de Falaise, le troisième des synclinaux normands est aussi le plus célèbre parce qu'il contient la concession de Saint-Rémy, la plus ancienne du bassin institué le 28 septembre 1875, également la plus riche. On y exploite une couche d'hématite d'une puissance de 2 m. 50 très régulière surmontée d'un mètre environ de minerai carbonaté, de minerai violet qu'on n'abattait pas jusqu'ici mais que l'on extrait maintenant depuis quelques années. Alors que la teneur de l'hématite se tient entre 51 et 55 de fer, celle du carbonate brut est de 41 à 42 pour 12,9 0/0 de silice. La concession est exploitée jusqu'ici à faible profondeur jusqu'à 33 mètres environ de la surface du sol.

La production qui avait atteint 110.919 tonnes en 1911, 106.852 en 1912, était tombée en 1913 par suite d'une grève très prolongée à 77.620 tonnes. Elle a atteint en 1919 51.812 tonnes d'hématite et 23.310 tonnes de carbonate, soit au total 75.122 tonnes en 1920, respectivement 43.218, 35.595 et 78.713.

Les autres concessions de ce synclinal à Ondefontaine, Jurques et Montpinçon présentent uniquement des carbonates de beaucoup moins grande valeur et n'ont pas jusqu'ici, à part la concession de Jurques, exploitée par la Société Française des Mines de Fer, donné lieu à des travaux intéressants ; à Jurques il ne parait plus y avoir seulement une couche unique, mais trois dont deux seraient utilisables et dont une seule est travaillée pour le moment : elle a une épaisseur utile de 1 m. 80 sous une inclinaison de 55°.

A Montpinçon les travaux de recherches effectués en ces derniers mois n'ont trouvé qu'un gisement très accidenté et vraisemblablement inexploitable. Avec les trois synclinaux précédents nous avons terminé avec la partie du gisement normand qui se trouve dans le département du Calvados.

Le quatrième synclinal s'étend au contraire sur les départements de l'Orne et de la Manche : il couvre deux régions très différentes, celle de l'est dans l'Orne, avec les gisements de Mont-en-Gérôme, la Ferrière, Halouze et Larchamp, celle de l'ouest dans la Manche avec les concessions de Mortain et Bourberouge.

Larchamp, Halouze et La Ferrière sont à l'heure présente les trois mines les plus importantes de Normandie, puisqu'elles correspondent normalement, en dehors de Saint-Rémy. aux minerais les plus riches.

La première, celle de Larchamp, produit uniquement du carbonate. En 1919 elle est restée simplement en situation de demi-chômage et alors qu'en 1913 elle avait expédié 89.896 tonnes de minerai grillé elle n'a produit que 3.120 tonnes en 1919 de minerai brut : en 1920 on a eu 18.275 tonnes d'extraction et 14.568 de carbonate grillé. La couche y a une épaisseur de 5 à 8 mètres avec de nombreuses variations de direction et de pente, créant des difficultés pour la conduite des travaux ; un puits d'extraction est en service, et le minerai rejoint par un transporteur aérien de 7 kilomètres, la station du

Châtelier, sur la ligne de Domfront à Flers. Douze fours de grillages avec souffleries sont installés pour la calcination du minerai.

La concession d'Halouze, dans le prolongement immédiat de la précédente vers le sud-est, présente une épaisseur de minerai plus réduite : 5 à 7 mètres 1/2 ; elle est desservie par deux puits aménagés chacun jusqu'à 180 mètres de profondeur et par une descenderie. L'exploitation normale ne dépasse pas actuellement la profondeur de 130 mètres, mais des préparations sont faites pour pouvoir extraire à des profondeurs supérieures. Huit fours de calcinations sont installés et un chemin de fer de 8 kilomètres de longueur réunit les installations à la gare du Chatelier. Les expéditions de 1913 avaient été de 152.656 tonnes de minerai ; en 1919 il n'a été extrait que 53.506 tonnes de minerai brut et expédié 33.073 tonnes de minerai grillé ; en 1920 on a extrait 44.559 tonnes et obtenu 40.678 tonnes de minerai grillé.

En certains points la concession présente du minerai hématisé, mais en général ce dernier n'existe que dans des proportions très faibles par rapport au carbonate déjà existant.

A La Ferrière qui est la propriété de la Société de Denain-Anzin (Halouze appartenant aux aciéries de France), la couche, qui est le prolongement de celle rencontrée à Halouze et Larchamp, a une pente voisine de 35 à 40° dans le sud, devenant très forte vers le nord pour passer dans Halouze à des renversements ; 8 fours de grillage traitent le minerai carbonaté et la mine est reliée par chemin de fer à la station de Saint-Bomer sur la même ligne de Flers à Domfront

La majeure partie des minerais de cette concession étaient consommés avant la guerre aux usines de la Société propriétaire ; celles-ci ayant été détruites par les Allemands, l'extraction a été fortement réduite pour ne plus satisfaire qu'aux demandes de la clientèle; alors qu'en 1919 on avait expédié en tout 121.650 tonnes de minerai grillé, en 1919 il n'en a plus été expédié que 39.375 tonnes ; l'extraction de carbonate brut n'avait pas dépassé 42.000 tonnes en cette même année. En 1920 elle tomba à 32.500 les fours de grillage ayant donné 50.100 tonnes par reprise sur le stock.

Pour ce qui est des autres concessions du synclinal de La Ferrière, celle de Mont-en-Gérome n'est pas encore exploitée, on y a simplement fait quelques sondages, en 1919 pour reconnaître le passage de la couche, son épaisseur et sa qualité ; de ce qui a été établi, il apparaît que la concession serait beaucoup moins intéressante que les concessions précédentes.

En ce qui concerne enfin les concessions de Bourberouge et de Mortain, exploitées l'une après l'autre par la Société Française des Mines de fer, que nous avons signalée, il existe à Bourberouge une couche exploitable d'épaisseur utile de 2 m. 50 environ, sous un pendage de 39° en moyenne : à Mortain, l'épaisseur utile est beaucoup plus forte et peut atteindre 6 m. 50 avec un pendage au minimum de 54° s'accentuant en profondeur ; l'exportation était avant la guerre le but principal de la mise en valeur de ces deux concessions qui étaient reliées respectivement aux lignes de Domfront à Avranches, et de Vire à Mortain.

Des fours de grillage avaient été installés mais l'exploitation avait à peine commencé en 1913 avec une production respective de 34.553 et 6.835 tonnes de minerai grillé à Bourberouge et à Mortain.

La concession de Bourberouge a été inondée au cours de la guerre, jusqu'au niveau débouchant au jour par travers-banc ; à Mortain, il en a été de même pour un certain nombre de niveaux.

L'estimation des ressources du gisement normand paraît assez difficile à faire en ce moment-ci, car non seulement des surfaces étendues sont encore incomplètement connues, mais celles qui ont été travaillées en ces dernières années, l'ont été sur une échelle trop réduite et à des profondeurs trop peu grandes pour que l'on puisse généraliser et donner des indications assez sûres.

Tout ce que l'on peut dire c'est que le gisement est suffisamment riche pour justifier une exploitation très importante, pouvant dépasser plusieurs millions de tonnes par an, en effet en se confinant aux gisements sérieusement connus et en basant les évaluations sur une profondeur possible moyenne de 400 mètres au-dessous du jour, on arriverait à estimer au total 220 millions de tonnes ; si comme d'aucuns le prévoient les synclinaux ne se ferment qu'à une profondeur atteignant 1.000 mètres ou les dépassant, les tonnages pourraient être beaucoup plus considérables et cela sans faire aucun état des concessions nouvellement attribuées.

En tous cas une chose est certaine c'est que les ressources de ces gisements et leur qualité permettent aux métallurgistes de Grande-Bretagne, de les envisager comme l'une des sources les plus importantes pour leurs approvisionnements, source que sa proximité rend encore plus intéressante.

Nous ne voudrions pas terminer cette note sur la Normandie sans dire quelques mots d'une dernière mine de fer se présentant dans des conditions tout à fait différentes, tant au point de vue géologique, qu'au point de vue du minerai, mine qui existe à Diélette, dans la Manche, et où l'on connait un certain nombre de couches presque verticales, affleurant sur la mer, et dont les têtes s'aperçoivent facilement à marée basse.

Cette concession qui avait déjà été l'objet de travaux d'exploitation sous-marine, avait été reprise peu d'années avant la guerre, par la Société des Mines et Carrières de Flamanville, derrière laquelle se cachait le métallurgiste allemand Thyssen. Des installations considérables, y avaient été entamées et les galeries du fond étaient desservies par des puits dont le plus profond atteignait 150 mètres.

Une des couches avait jusqu'à 8 mètres d'épaisseur, sous un pendage de 70 à 80°.

Des pompes d'épuisement, capables de débiter 18 mètres cubes à la minute, étaient placées au niveau inférieur, et étaient garanties contre une inondation inopinée par des serrements.

Une installation de chargement en mer, avait été faite par la mise en place d'un caisson au large.

Les installations ont été mises sous séquestre pendant la guerre, et elles ont été de plus presque complètement dévastées par de très fortes tempêtes ; en particulier le caisson principal formant ilot, pour le chargement des minerais avait été déplacé et emporté en fin 1915. Les pylônes intermédiaires supportant les câbles aériens reliant l'ilot à la plage ont eux-mêmes considérablement souffert. Tout paraît être complètement à refaire.

Le minerai est un minerai magnétisé à 50,52 0/0 de fer et assez dur ; 20.000 tonnes en avaient été obtenues en 1913.

Tels sont, aussi sommairement décrits que possible, les deux grands gisements de la France continentale, celui de l'Est, celui de l'Ouest, sur lesquels les nations importatrices de minerais peuvent compter pour leurs approvisionnements.

Sans doute ils ont été l'un et l'autre, mais à des titres bien différents pourtant, touchés par la guerre et leurs exportations actuelles très faibles par rapport à celles de 1914, pourraient laisser supposer, si l'on ne regardait que les chiffres absolus, une diminution de leur valeur sur le marché mondial.

Il n'en est absolument rien et si en ce moment leurs exportations vers l'Allemagne ont subi une baisse considérable, baisse sur laquelle certains s'appuient pour mener campagne contre eux, il ne faut en voir la raison que dans un mot d'ordre que se sont donnés les métallurgistes allemands, ils préfèrent s'adresser en ce moment aux minerais de Suède qui leur reviennent pourtant beaucoup plus cher, espérant par cela même pouvoir agir d'une façon plus lourde dans les négociations ultérieures.

Il n'y a là qu'un trouble passager et en tous cas ce trouble n'affecte nullement les expéditions vers l'Angleterre tout au moins pour le bassin de l'ouest de la France qui, en ce moment de tarifs exagérés de transport sur rail, peut seul intéresser la Grande-Bretagne.

Les métallurgistes anglais continuent et continueront à s'approvisionner de minerais de Normandie, Anjou et Bretagne, même dans la période critique actuelle : leur richesse et leur proximité des côtes anglaises leur assurent une entrée de faveur dans les Iles-Britanniques.

Quand d'ici quelques années, quelques mois peut-être, le bassin de Briey, après la remise en état successive de ses mines, aura repris sa puissante marche ascendante d'extraction d'avant guerre et qu'une politique mieux comprise des transports aura permis à ses minerais riches d'aller s'embarquer sans difficulté dans les ports Français ou Belges, il ne fait de doute pour personne que la métallurgie anglaise, qui avait commencé à s'y intéresser et qui avait trouvé avantage à l'emploi de ses minerais tournera vers lui son attention de plus en plus et qu'un trafic régulier de minerais d'une part, de cokes ou fines à coke de l'autre, ne pourra manquer de se faire sur une large échelle pour le plus grand bien des deux nations.

Paul NICOU.

(Extrait d'un article sur *Les Gisements des Minerais de l'Est et de l'Ouest de la France*). Revue de la Métallurgie, Octobre 1921.

Les Mines de Fer de Normandie depuis la Guerre et dans l'Avenir

Les Mines du Calvados

Le développement des installations, une préparation méthodique des gîtes, la construction de Hauts-Fourneaux sur le sol normand, l'accueil de plus en plus empressé de la sidérurgie étrangère touchant les minerais de l'Ouest, tout concourait, au début de 1914, à provoquer une rapide et considérable extension de la production minière dans le Calvados, l'Orne, la Manche et le Maine-et-Loire.

Les travaux de recherches poursuivis depuis 1910, par la métallurgie nationale. avaient d'autre part permis de reconnaître que la formation ferrifère se prolongeait d'Angers aux confins de l'Armorique, de la Manche aux rives de la Loire, sans autre solution de continuité que des accidents locaux, et l'on pouvait espérer que dans un temps relativement proche, le bassin de l'Ouest serait l'objet d'une exploitation généralisée.

La mobilisation de 1914, vint bouleverser tous les projets, anéantir toutes les espérances. Cependant, lorsqu'il fut avéré que la guerre aurait une durée imprévue, lorsque, après les dépôts de Briey, ceux de Longwy furent occupés et ceux de Nancy menacés, lorsque les dirigeants de la Défense nationale durent se rendre à l'évidence, et que chacun fut convaincu que la victoire appartiendrait à l'adversaire le plus puissamment armé, et le mieux pourvu de munitions, lorsqu'enfin en France on entreprit un effort gigantesque pour la production du matériel et des obus, on put s'imaginer que les Mines de l'Ouest allaient jouer un rôle prééminent dans l'économie du pays.

Pourtant l'extraction du Calvados qui était tombée à 50.000 tonnes en 1915, ne dépassa pas 120.000 en 1916. Elle s'amplifia il est vrai à 216.698 tonnes en 1917, et à 341.813 en 1918, mais sans pouvoir jamais atteindre son niveau de 1918 (389.000 tonnes). Dans l'Orne les travaux furent encore plus réduits. Le tonnage d'avant-guerre (398.000 tonnes) s'effondra à 9.028 tonnes en 1915, 177.900 en 1916, 259.645 en 1917 et 181.934 en 1918. Quant à la Manche, elle ne livra aucun minerai durant tout le cours des hostilités.

Un recul analogue s'observa en Anjou. L'exploitation du Pavillon d'Angers fut abandonnée et la Société de Segré n'enregistra de 1914 à 1918, que 72.000, 55.833 et 39.000 tonnes contre 100.000 environ avant le conflit.

On peut dire que dans l'ensemble les mines de fer de l'Ouest ont perdu 40% de leur activité durant la guerre, en dépit des exigences militaires. Depuis l'armistice on a fait le silence sur leurs opérations, cependant que le Président d'une nos Sociétés sidérurgiques les plus considérables devait constater il y a un an l'exceptionnel intérêt des dépôts pour une industrie du métal désormais contrainte à l'exportation. Aussi nous a-t-il paru qu'une enquête s'imposait, tant pour mesurer les résultats acquis depuis trois ans que pour essayer de préciser l'avenir des mines lorsque l'Europe aura recouvré son équilibre économique.

*
* *

MINES DE SAINT-ANDRÉ. — Rachetées par le groupe des sociétés Phœnix, Haspar, Hœsch et Bochum quelques années avant la guerre, les mines de Saint-André les plus proches de Caen, avaient fait l'objet d'importants travaux de préparation et d'aménagement à la veille des hostilités. Quatre galeries d'avancement avaient été ouvertes. A l'ancien siège de l'Orne, relié au chemin de fer par un câble de 330 mètres, et pourvu d'une centrale à essence, avait été adjoint le nouveau siège de Saint-Martin, situé à l'est de la concession, près de la route de Caen à Flers.

Une descenderie de 100 mètres de longueur y avait été installée. L'ancien puits avait été abandonné, et deux autres équipés avec des treuils électriques. Toute la mine avait d'ailleurs été électrifiée, sauf la traction qui s'opérait au benzol.

Le 31 Octobre 1914, l'exploitation fut placée sous séquestre. Elle cessa l'extraction jusqu'en 1915, date à laquelle le personnel fut rappelé. Le tonnage de guerre atteignit 18.313 tonnes en 1915, 32.000 en 1916, 39.147 en 1917, 40.397 en 1918.

Depuis lors les travaux ont été poursuivis par les soins du séquestre. Le puits n° 3, noyé, a été déclassé. Les opérations sont demeurées concentrées dans le voisinage du puits de Saint-Martin (n° 2), aux niveaux de 35, 55, 75 et 100 mètres. Bien que la perforation mécanique ait été appliquée aux divers chantiers, les progrès réalisés ont été bien médiocres et les exploitants de l'avenir auront bien des efforts à faire pour réparer les erreurs commises.

La force est assurée par une centrale de 350 HP, l'une des rares encore au service dans le département. La production s'est chiffrée à 60.956 tonnes en 1919, 75.115 en 1920, autour de 92.000 en 1921, le minerai, hématisé, étant en partie expédié aux fourneaux de Caen, en partie vendu au dehors et à Rouen.

MINES DE MAY. — La Société de Mines et Produits Chimiques exploite à proximité la concession de May, appartenant à MM. Cholet et Sanson. Le gîte qui prolonge au sud le précédent, recèle une hématite tenant de 46 à 51 de fer, 14 de silice, et 0.06 de phosphore. La couche épaisse de 3 à 6^{m}50 (moyenne) plonge à 45° et mesure 6 kilomètres de longueur de l'est à l'ouest.

La Société de May a poursuivi pendant la guerre et plus récemment des recherches qui permettent aujourd'hui d'affirmer : 1° la continuité de la couche reconnue sur 4.500 mètres par galeries sur 1.500 par sondage ; 2° la profondeur de la cuvette, le fond du dépôt n'ayant pas été atteint à 135 mètres au-dessous des terrains de recouvrement ; 3° enfin le minerai même au plus bas niveau reste toujours de l'hématite, ce qui renverse les théories des géologues d'après lesquels l'hématite ne serait que du carbonate de fer oxydé en surface. Mais la valeur du dépôt s'en trouve singulièrement accrue.

La Société des Mines et Produits Chimiques avait installé pour ses besoins une descenderie au centre de la concession, à la Hogue et évacuait par un travers-banc, les produits extraits du quartier de l'Orne.

Elle achève présentement de dépouiller le quartier central ou de Rocquancourt ; toutefois l'exploitation se concentre désormais à l'ouest (district de l'Orne) et à l'est.

A l'ouest on avait dépilé dans le passé une partie du gîte qu'on supposait épuisé. Mais on s'est aperçu que la formation se poursuivait en profondeur sur 2 kilomètres environ. Aussi en 1918-1920, la Société a-t-elle établi un grand plan incliné de ce côté, desservi par deux skips, qu'actionne un treuil de 40 HP. Deux trains formateurs de 100 et 125 kw. et un compresseur de 100 HP complètent l'outillage.

Ces appareils déversent le minerai dans des accumulateurs creusés dans le roc et pouvant contenir de 1.000 à I.200 tonnes. Des trémies déversent les produits dans des wagonnets. Un câble permet de leur faire franchir l'Orne et d'alimenter un accumulateur édifié sur la voie de Caen à Flers.

Les améliorations précitées ne sont pourtant que modestes aux regards des grandes installations en cours d'exécution à l'est. A 600 mètres de la limite de concession a été foncé un puits de 163 mètres de profondeur et 4 de diamètre, dit puits Urbain le Verrier, en hommage à l'inventeur du dépôt. Ce puits commencé en 1919 parvient à 60 mètres de la couche à laquelle il est raccordé par deux travers-bancs, dont un semi-circulaire pour des wagonnets vides.

Le siège déjà raccordé au chemin de fer de Soumont à Caen, par 800 mètres de bretelle, comportera un bâtiment en béton et briques devant aboutir à une machine d'extraction électrique de 400 HP, deux pompes de 35 HP, deux compresseurs de 100 HP, deux transformateurs électriques de 600 kwa. devant ramener à 220 volts l'énergie à 30.000 provenant de Caen. Le chevalement sera en fer, on va en commencer la pose. Les wagonnets décagés, déverseront le minerai directement soit dans un accumulateur pouvant alimenter des wagons, soit au stock. Une estacade métallique de roulage a été prévue à cet effet. Le culbuteur pourra manutentionner 110 tonnes à l'heure.

Cet équipement ultra-moderne permettra de livrer 400.000 à 450.000 tonnes par an à la consommation. Il sera prêt au début de 1923. L'évacuation des minerais pourra alors se réaliser par deux voies ferrées.

En attendant, la Mine de May, qui avait chômé d'Août 1914 à Mars 1916 et fourni 21.302 tonnes en 1916, 39.000 en 1917, 88.340 en 1918, 45.256 en 1919, 62.051 en 1920, a réussi à dépasser 100.000 tonnes en 1921, c'est-à-dire à accuser à nouveau son tonnage de 1913 (100.189 tonnes) fait unique dans le bassin et qu'il sied de souligner.

En vue de loger le personnel nécessaire les dirigeants de May ont acquis de nombreuses maisons à May, Rocquancourt, Fontenelles, Garcelles et Saint-Aignan. Ils ne seront donc pas pris au dépourvu. La mine de May semble bien devoir devenir bientôt la plus prospère exploitation de la région.

MINE DE SOUMONT. — A l'est du second synclinal, dit de Perrières, se trouve la concession de Soumont, aujourd'hui rattachée aux Etablissements Schneider et à la Normande de Métallurgie, bien que constituée en société spéciale.

La mine de Soumont découverte par M. Pouettre de Caen, comporte de rares lambeaux d'hématites et une couche de carbonate de 5^m 50 à 7^m de puissance, reconnue sur plus de 500 mètres de longueur.

M. Thyssen, puis la nouvelle société de Soumont qui se substitua au maître de forges de la Rhur durant la guerre, avaient ouvert pour l'exploitation trois niveaux : 42, 60, et 90 et installé une descenderie.

Les aménagements de jour primitifs comprenaient : un chevalement métallique, une sous-station de transformation pour la réception du courant venu de Caen, un réservoir d'eau de 360^{mc}, un atelier de concassage. L'extraction atteignait ainsi 71.637 tonnes en 1913.

La guerre suspendit tous les travaux, et l'arrêt provoqua l'inondation des niveaux inférieurs. Le dénoyage fut toutefois entrepris en Octobre 1916 et à partir de 1917 on procéda à l'achèvement des installations, en même temps qu'à une préparation plus complète de l'exploitation. Silmutanément une petite extraction donnait 16.767 tonnes en 1917 et 12.460 en 1918. L'armistice a provoqué de nouvelles opérations complémentaires.

Au fond on a poursuivi l'aménagement au-dessous du niveau 95, par le fonçage de trois descenderies. Ces travaux ont constaté la parfaite continuité de la couche sans modification d'allure, et le maintien de la teneur moyenne du minerai à 49.9 de fer après grillage. Des tailles ont été en outre pratiquées entre 95 et 120.

En 1920, il a été exécuté 320 mètres de galeries, tandis qu'en 1921 l'allongement des galeries atteignait 190 mètres (10 Mars).

Au jour une seconde descenderie a été mise en service en 1919, de sorte que la mine de Soumont possède désormais deux plans inclinés, de 160 mètres de long, équipés l'un pour skips de 1 tonne, l'autre pour skips de 8 tonnes, le premier réservé à l'évacuation de l'hématite. Trois fours de calcination commandés en 1918, ont été mis en service, le premier en Septembre 1919, les autres en 1920.

Enfin, le chemin minier qui relie Soumont aux Hauts-Fourneaux de Caen et au port spécial des usines sur l'Orne inférieure, accessible aux trains en Septembre 1919, a été autorisé définitivement en 1920. La voie mesure 30 kilomètres.

La production de 1919 n'avait pas dépassé 40.401 tonnes de carbonate. Il n'y avait pas lieu de pousser, en effet, l'extraction; le stock, à la fin de 1919, s'élevait néanmoins à 271.825 tonnes dont 52.223 d'hématite.

En 1920 le tonnage a un peu progressé à 44.267 tonnes. Enfin en 1921, la production s'est chiffrée à 45.000 tonnes pour 10 mois, ce qui donne environ 55.000 pour l'année entière.

Aujourd'hui la mine de Soumont est prête à répondre aux besoins et si la sidérurgie reprenait toute son activité, elle pourrait aisément fournir les 300.000 tonnes envisagées par les promoteurs de l'entreprise.

MINES DE GOUVIX. — Vers l'est le synclinal de Perrières paraît se fermer, à moins qu'il ne s'enfonce sous les argiles à silex. Le bassin a réservé assez de surprises pour que les géologues aient tort en l'occurence, après s'être trouvés en défaut à l'est de May. Vers l'Ouest une concession avait été attribuée sur ce pli en 1902. La Société des Mines et Forges de Normandie l'amodia, mais ne se préoccupa pas de l'étudier, et le dépôt n'était connu en 1914 que par une galerie sur la rive gauche de la Laize. En 1917 la Société de Firminy reprit le gîte placé sous séquestre le 10 Décembre 1914. Elle l'a reconnu depuis lors et outillé avec soin.

La formation a été attaquée par un travers-banc à flanc de coteau partant de la Laize et une galerie en direction a été ouverte dans le minerai carbonaté, comme à Soumont. La couche a 8 mètres de puissance environ et les produits accusent 48 à 49 $^0/_0$ après calcination. L'extraction s'opérera en aval de la galerie par des descenderies. Tous les 200 mètres en direction, des plans inclinés ont été creusés et les étages d'exploitation mesureront 60 mètres de hauteur verticale. Ils seront divisés en sous-étages de 30 mètres. Cinq plans ont été aménagés jusqu'ici : Les venues d'eau étaient abondantes à Gouvix. En 1919, les travaux bien que poursuivis dans les schistes du mur provoquaient des afflux de 15^{mc} à l'heure. On les a endigués en grande partie par le détournement de la Laize sur 100 mètres et sa canalisation sur 150. La voie de roulage a été réélargie pour faciliter la traction sur double voie.

Le minerai, à la sortie du travers-banc est transporté par un câble de 1.560 mètres pouvant débiter 150 tonnes à l'heure aux fours de grillage. Ceux-ci ont dû être édifiés sur le plateau, l'exutoire de la mine se trouvant dans un vallon profond, où toutefois on a installé les transformateurs, les ateliers, la salle des machines, les magasins et bureaux.

Les produits arrivent au niveau de la partie supérieure des fours soufflés, au nombre de trois. Ils sortent calcinés dans des accumulateurs établis à la base des fours. Au pied de ces accumulateurs, court une voie normale de 900 mètres reliant le siège au chemin de fer minier de Soumont à Caen, par lequel le minerai sera expédié. La main-d'œuvre a donc été réduite au mininum.

L'énergie comme à Soumont et May, est assurée par la Centrale de Caen, et ramenée de 30.000 à 3.000 et 220 volts. L'air comprimé nécessaire à la perforation est fourni par deux compresseurs de 272 HP.

De 1917 à 1920, la Société de Firminy n'a fait que préparer l'exploitation. Elle a cependant mis en stock 2.369 tonnes d'hématite et 4.846 de carbonate en 1917; 2.680 et 19.870, en 1919, le tonnage a été réduit à 2.369 tonnes de carbonate, les opérations ayant surtout eu pour objet l'arrêt des venues d'eau. En 1920, l'extraction a été insignifiante. Mais le tonnage en 1921, avoisine 46.000 tonnes. La mine de Gouvix n'aura pas de peine à livrer les 300.000 tonnes pour lesquelles elle a été rationnellement outillée..

MINE DE BARBERY. — Entre Soumont et Gouvix s'étend en outre la concession de Barbery, où les Allemands avaient réalisé d'importantes installations avant la guerre. Le gîte abondant recélerait plus de 30 millions de tonnes. Aussi la Gutehoffnung avait-elle ouvert un second puits dans la vallée de la Laize, pour doubler celui de Saint-Germain-le-Vasson, et tracé 1.500 mètres de galeries entre les deux accès. Six fours de calcination avaient été établis dont deux à Saint-Germain; l'énergie était assurée par la station de Caen. Mais la mine n'était reliée qu'à l'insuffisant tramway de Caen à Falaise, d'un débit irrégulier.

L'exploitation fut mise sous séquestre le 1er Décembre 1914. Elle est toujours immobilisée. Les galeries ont été noyées du côté de Saint-Germain, et le matériel fâcheusement entretenu. L'administration des mines voudrait bien trouver acquéreur pour la mine et a sondé plusieurs métallurgistes. Il paraît peu probable qu'elle réussira dans ses projets à cet égard, les intéressés étant peu disposés à dépenser présentement 7 ou 8 millions. Peut-être aurait-elle plus de succès en proposant seulement une amodiation de la mine. En tous les cas, la politique d'abandon du séquestre n'est pas pour favoriser une transmission, cependant nécessaire.

MINE DE SAINT-RÉMY. — La mine de Saint-Rémy appartient au troisième pli Bas-Normand, à celui de Falaise plus tourmenté que les précédents.

Saint-Rémy concédée en 1875, située sur la ligne de Caen à Flers a toujours témoigné d'une grande prospérité. On y recueillait en effet, une magnifique hématite de 2.50 à 2.70 d'épaisseur très riche en métal (52 à 53 %) et pauvre en silice (6 à 8 %). La configuration du sol facilitait l'exploitation. Avant la guerre on opérait surtout au sud du dépôt (Mont-de-Vespres). Le roulage s'effectuait à la cote 0, où les minerais étaient descendus. Une centrale de 350 HP. assurait la force ; la traction à benzol avait été inaugurée en 1913 et la perforation était desservie par un compresseur de 170 HP.

Durant les hostilités des efforts sérieux furent poursuivis à partir de l'été 1915 et le tonnage extrait atteignit 66.000 tonnes en 1916, 107.840 en 1917, 97.096 en 1918. On dépila même à ce moment le carbonate de fer du toit (1.475 tonnes en 1917, 26.805 en 1918).

Les travaux exécutés depuis l'armistice ont achevé la reconnaissance du gisement, le traçage à l'étage O avait été terminé depuis longtemps.

Au niveau 33 on atteint à l'est la limite de la cuvette, barrée par une faille. A l'ouest au même étage on tend à se rapprocher de la seconde faille qui avoisine l'entrée de la mine, et ferme cette dernière vers l'Orne.

Le travers-banc de l'étage 33 a rencontré la faille de Beaumont, derrière laquelle des débris de schiste noir et des schistes pourprés ne laissent aucun espoir d'un prolongement du dépôt. Des travaux complémentaires ont prouvé que celui-ci n'allait pas au delà, et que la couche n'avait pas glissé en profondeur.

Un second travers-banc à la cote 15 recoupa la même fracture et 17 mètres plus loin un nouvel accident, précédant une légère couche de minerai de 0.40 d'épaisseur. Plus loin au niveau 10 la couche se lamine et se renverse.

En 1921, la direction a installé entre toit et mur une descenderie dans la couche, avec une pente de 0.40 par mètre sur le versant de Beaumont (Nord), et l'année 1922 verra s'exécuter les dernières reconnaissances pour déceler la formation dans ce quartier.

La voie de roulage vient d'être transformée pour l'utilisation de locomotives à benzol, suceptibles de traîner 25 à 30 tonnes et un groupe de secours provenant de May, a été mis en service.

Ce ne sont pourtant là que des améliorations de second plan comparées aux modifications qu'impose à la Compagnie l'épuisement de la formation hématisée.

La Société de Saint-Rémy doit désormais songer à exploiter son carbonate épars de 4.50 à 5 mètres (teneur 41-42 fer, 12.9 de silice). Aussi va-t-on construire en 1922 deux fours de calcination de 150 tonnes par jour chacun.

L'extraction a été de 51.812 tonnes d'hématite et 23.310 de carbonate en 1919 et 76.800 tonnes au total en 1920. Au 1er Décembre 1921, la mine avait d'autre part expédié 47.593 tonnes d'hématite et 30.620 de carbonate, ce qui permet d'évaluer à 87.000 tonnes l'extraction de 1921. La crise économique a seule ralenti la fourniture suspendue durant 3 mois.

MINE DE MONTPINÇON. — Exploitée de longue date aux abords de Roucamps, explorée de 1895 à 1899 par des petits puits, la concession de Montpinçon avait révélé une couche disloquée et une puissance fort irrégulière.

La Société des Mines et Forges de Normandie amodiataire, ne s'était guère souciée de ce dépôt avant 1914. Cependant à partir de 1918, elle se décida à prospecter à nouveau la région, 450 mètres de vieilles galeries furent dégagées, et 250 mètres de voies nouvelles tracées. Comme on pouvait le prévoir la formation apparue morcelée en lambeaux à peu près inexploitables. Les failles sont nombreuses et la couche unique n'a que de 1.50 à 1.80 d'épaisseur. Enfin le minerai est médiocre dans bien des cas.

La Société qui avait établi à l'orifice de la mine des ateliers et magasins, installé deux locomobiles de 35 HP et deux compresseurs, a arrêté définitivement le 3 Septembre 1920, tous ses travaux, les quelque 1.600 tonnes extraites ne valant même pas être transportées.

MINE DE ONDEFONTAINE. — La Société française des Mines de fer semble avoir été plus heureuse à Ondefontaine, à l'ouest du pli. Les recherches poursuivies en 1918-1919 ont constaté que la couche offrait normalement 1.80 d'un minerai tenant régulièrement 46 % de fer, 13 de silice et 3.5 de chaux.

Il se peut donc qu'un jour ou l'autre soit exécuté un transporteur pour la mise en œuvre du gîte.

MINE DE JURQUES. — Toujours sur le même pli vers l'occident, la même Société a amodié la concession de Jurques abandonnée en 1900 par Denain-Anzin. Le dépôt y affecte la forme d'un double synclinal dont trois branches ont été explorées, ce qui a fait croire qu'on se trouvait en présence de plusieurs plis. La profondeur de la cuvette atteint sans doute 300 mètres. La couche exploitable dans toute son épaisseur mesure 1.80 environ. Le carbonate titre 45% de fer après grillage. Un travers-banc a été foncé et a recoupé le gîte à 85 mètres de profondeur. On a ouvert pour l'extraction une descenderie encore inachevée. Les chantiers sont préparés par niveaux de 30 et 15 mètres aux cotes 30,60 et 85.

L'outillage comprend un compresseur électrique de 75 HP et un de 35 actionnés par une centrale de 200 HP 440 v. à courant continu, 6 fours de calcination, des ventilateurs, et une voie Décauville de 3 kil. 2 de long, reliant la mine à la ligne de Caen à Vire. Les fours produisent 30 tonnes de minerai grillé ou 55 tonnes avec soufflage.

Pendant la guerre la mine fut placée sous séquestre et l'on n'en assura que l'entretien méthodique.

En 1919, quelques ouvriers seulement poursuivirent la conservation des boisages et des galeries, et la préparation du matériel roulant. Mais dès la fin de l'année et surtout en 1920, après la levée du séquestre, la Société reprit les travaux d'avancement et la remise en état définitive des installations.

En 1920 et 1921, en réalité l'exploitation a été réduite à ces opérations, la crise métallurgique n'incitant pas à développer l'extraction et le stock dépassant 20.000 tonnes sur le carreau de la mine.

Mais la préparation permettra de pousser la production dans l'avenir.

Le tonnage de 1920 s'élevait à 828 tonnes. En 1921 (11 mois) on a extrait 11.000 tonnes. Le four de grillage rallumé à la fin de 1920 a fourni 8.200 tonnes de produits calcinés, dont on a expédié seulement 3.200 tonnes en Allemagne et aux Aciéries Basset de Dennemont, près Mantes.

LES CONCESSIONS INACTIVES. — Ainsi sur les 14 anciennes concessions du Calvados (8.387 ha.) 6 seulement sont actuellement en activité. Il n'est pas question pour l'instant d'utiliser les dépôts de Bully, Maltot, Urville, Estrées-la-Campagne, Perrières, en partie séquestrées ou dont les aménagements sont rudimentaires. Il n'y a pas davantage à prévoir un équipement rapide des nouvelles concessions octroyées en 1921 : Ouville (Société de la Dives) 1.414 habitants ; Saint-Pierre-sur-Dives (Société de ce nom) 2.069 ha. ; Condé-sur-Ifs (Société du Laison) 1.889 ha. ; Ouézy (Société de la Muance) 2.074 ha. ; Fierville (Société de Pont-à-Vendin, Nord et Est) 1.514 ha. ; Garcelles (Société de ce nom) 1.341 ha. et Cinglais (1.165 ha.) Au total 11.476 hectares attribués à nos grandes firmes du métal, (Paris-Outrau, Pont-à-Vendin, Schneider et Cie, etc...).

En même temps qu'il accordait à nos vaillants pionniers du fer la juste récompense de leurs prospections, le Gouvernement refusait à MM. Chollet et Samson, l'extension du périmètre de May, à la Société de Saint-André, un agrandissement de ses domaines, à la Société des Recherches minières de l'Ouest, le dépôt de Cinglais attribué à d'autres industriels.

Le Ministère des Travaux publics a de même repoussé les requêtes formulées par M. Hamelin et par la Société de Recherches et d'Exploitation, pour favoriser le développement de la richesse minière en France, requêtes fondées sur de médiocres travaux à Rocquancourt, ainsi que les sollicitations de MM. Hersent, Drouet et Saint-Léger, à l'ouest de Jurques. Une seule demande reste désormais en suspens dans le Calvados, relative à une extension des mines de Soumont sur 81 hectares ; les Tréfileries du Havre, ont en effet retiré en 1919 leur demande du 30 janvier 1918 pour la partie orientale du synclinal de May.

Cet inventaire serait incomplet et si nous ne mentionnions l'inlassable ardeur de certains prospecteurs. Le Calvados est toujours l'objet de recherches passionnées. C'est ainsi qu'un groupe de Lyon, la Société Civile Persévérance, étudie le prolongement du pli de May, à l'ouest de Maltot, à Fontaine-Etoupefour.

Un sondage commencé le 27 novembre 1919 a été arrêté à 113 mètres sans résultat. Un autre sondage a été entrepris à quelque distance.

Il serait particulièrement intéressant de savoir si vraiment le gîte se poursuit vers la Manche, comme nous l'avons jadis pronostiqué.

Les Mines de la Manche

MORTAIN ET BOURBEROUGE. — Le quatrième synclinal normand, dit de la Ferrière, se divise en deux branches, à l'ouest de Domfront. La branche nord est exploitée dans l'Orne, la branche sud dans la Manche. Deux concessions ont été attribuées dans cette dernière zone : Mortain et Bourberouge, amodiées en 1910 par la Société Française des Mines de Fer. La formation est nettement orientée est-ouest. La concession de Bourberouge (1.322 ha.) ne comprend que le flanc méridional du pli, et le dépôt y forme des redans qui ont incité à voir dans le gisement une série d'îlots isolés, ce qui n'est pas tout-à-fait exact, depuis les études savantes du géologue belge Antoine. Il semble que le point le plus bas du gîte serait à 700 mètres de profondeur.

Les travaux exécutés ont permis de constater l'existence d'une faille bien délimitée, accompagnée d'un rejet de 300 mètres qui diminue en profondeur. Un sondage a également révélé que la couche existe au voisinage de la descenderie jusqu'à 79 mètres de la surface au moins. La puissance moyenne exploitable excède toujours 2 m. 20. La couche pend de 30 à 40°. Le minerai calciné titre 47% de fer.

La descenderie de Berdailler à Rancoudray mesure 210 mètres de long. Les chantiers sont préparés pour une exploitation à des niveaux distants de 30 mètres. Les installations extérieures comprennent : une machine d'extraction, un compresseur de 150 HP., 5 fours de 50 ou 65 tonnes chacun, selon qu'on opère avec ou sans soufflage, et une voie de 4 km. 200 raccordant le siège au port sec des Landes aménagé sur la ligne Domfront-Mortain.

La mine fut noyée au début de la guerre, fournissant alors 50.000 tonnes par an. La situation commerciale et les conditions des transports ont jusqu'ici différé la reprise de l'exploitation.

A l'ouest de la précédente, au delà d'un hiatus prospecté par ma Société, s'ouvre la mine de Mortain, constituée par une vaste cuvette du même synclinal dont l'affleurement a plus de 5 km. d'étendue.

A l'est et à l'ouest du puits d'extraction, foré à 700 mètres de la gare de Neufbourg, la continuité du dépôt a été établie sur près de 3.000 mètres dont 2.000 à l'ouest par des fouilles anciennes et des recherches récentes. Il semble qu'on puisse tabler sur une puissance exploitable de 4 à 5 mètres en moyenne entre bancs plus pauvres, l'inclinaison de la couche variant de 60 à 70°. Le carbonate tient 50 de fer calciné et 12 de silice.

Le puits de Câbremont a 100 mètres de profondeur. Il dessert les niveaux 36, 66 et 96, déjà préparés. Un second puits est en cours d'exécution à 2.000 mètres à l'ouest à la Délinière, où les bancs pauvres ont disparu et où la couche a 4 mètres 40 de puissance.

Le premier est pourvu d'un chevalement en fer, d'un treuil électrique de 75 HP. suceptible d'évacuer 600 tonnes par jour, d'une machine à vapeur demi-fixe, de 250 HP, et d'un compresseur de 150 HP.

Le minerai grillé près du puits, est expédié par la gare de Mortain-le-Neufbourg, au moyen d'un raccordement de 700 mètres, dont la plate-forme se trouve à 6 mètres en contre-bas de la partie inférieure des appareils de calcination.

Mortain produisait en 1914, 15.000 tonnes de minerai. La séquestration de l'entreprise permit l'inondation du puits à la fin de 1914. L'épuisement de la nappe ne put être entrepris qu'à la fin de 1920. Depuis un an les travaux souterrains et les installations de surface ont été complétement remis en état et améliorés.

La conclusion de la crise industrielle amènera la reprise de l'extraction. Il apparaît aujourd'hui que la mine de Mortain constitue l'un des plus riches dépôts de la Basse-Normandie, en qualité et quantité, à l'encontre des pronostics pessimistes de l'avant-guere.

*
* *

La mine de DIÉLETTE, au Nord-Ouest du Cotentin, exploitée sous la mer, a connu les pires aventures. Quatre sociétés y épuisèrent leurs ressources avant la venue de Thyssen. En dépit de l'existence de 6 couches dévoniennes, d'une puissance totale de 42 mètres, malgré la teneur du minerai (55 de fer et 10 de silice) et l'importance des installations (centrale de 1.500 HP., silo, câble de 600 mètres, 10 pompes de 2 à 30 mètres cubes à la minute, 4 puits d'exploitation) le liquidateur n'a pu trouver acquéreur à 3 millions. Un rabais à 2 millions et demi ne peut donner de meilleurs résultats. Il faudrait, en effet, de gros travaux pour épuiser la mine inondée depuis 1914, et réparer le câble d'embarquement en mer détruit par la tempête en 1915. En outre la mine éloignée de 18 kilomètres de la voie ferrée

Paris-Cherbourg, est sans relations possible avec le reste du territoire. Seul un métallurgiste anglais ou allemand pourrait en tirer
davantage actuellement.

Les Dépôts de l'Orne

LA MINE DE LA FERRIÈRE. — Au sud du pli de Falaise s'ouvre le grand synclinal de Mortain-Bagnoles, qui se scinde en deux
branches vers Mont-en-Gérôme. Le pli septentrional porte
de l'est à l'ouest quatre concessions déjà anciennes, Mont-en-
Gérôme, La Ferrière-aux-Etangs, Halouze, Larchamp, au total de
4.745 hectares octroyés de 1884 à 1903.

La concession de Mont-en-Gérôme n'a jamais été exploitée, la
formation y est comme brisée et les propriétaires ont demandé à la
fin de 1920, la réduction de leur périmètre.

Au contraire, à La Ferrière-aux-Etangs, le dépôt s'épanouit. La
couche épaisse de 4 mètres est régulière, dure et pend de 33°. Elle
a été reconnue jusqu'au niveau 175 par une descenderie jusqu'à
250 par une galerie.

La Société de Denain-Anzin, propriétaire, y a aménagé à l'origine une galerie principale au niveau 220, reliée au jour par un
travers-banc de 600 mètres. Tous les produits sont remontés ou
descendus électriquement à ce niveau. Un étage avait été également
ouvert à la cote 125.

Depuis la guerre qui ralentit considérablement l'activité de la
mine, la Société s'est préoccupée d'utiliser la partie sud-est du dépôt. Dans ce but elle a récemment terminé un puits de 3.10 de diamètre capable de remonter 4 à 500 tonnes en 8 heures.

Ce puits a été poussé à la cote 105 et sa recette intérieure se trouve
au niveau de la galerie principale.

Le puits intérieur 2 en cours desservira le quartier nord dans les
mêmes conditions.

Les minerais sont évacués par la voie ferrée électrique double de
0.70 d'écartement de la galerie principale qui longe au jour la centrale de 800 kwt. et aboutit à la batterie, de 8 fours soufflés édifiés
dans une entaille du sol. A la base de ces fours le minerai calciné tombe
sur des estacades de chargement qui dominent la gare de la mine. Les
manutentions sont donc des plus simplifiées par des dispositions. Un

raccordement à voie normale, de 4 kilomètres, relie les fours à la ligne de Flers à Domfront (gare de Saint-Bomer). L'extraction suspendue d'août 1914 à 1916 a été réduite depuis lors. Les usines de Denain ayant été anéanties par l'ennemi, les produits pouvaient être exclusivement vendus à l'étranger ou à des usines de l'intérieur. Aussi, en 1917 et 1918, a-t-on seulement extrait 29.000 à 36.300 tonnes. Depuis l'armistice, les fourneaux de Denain n'ayant pu encore être réédifiés, on s'est contenté de poursuivre les travaux d'aménagement qui ont néanmoins fourni 39.000 tonnes de calciné en 1919, 50.100 en 1920, environ 43.000 en 1921.

Actuellement la persistance de la crise sidérurgique ralentit toujours l'exploitation. On peut augurer qu'elle ira désormais en décroissant et que les exportations progresseront. Néanmoins la mine ne retrouvera sa grande vitalité qu'avec la reconstitution des ateliers de Denain, qui consommaient jadis les 120.000 tonnes extraites à La Ferrière et qui demain pourraient être portées à 250.000 tonnes.

MINES D'HALOUZE. — Le dépôt de La Ferrière se continue dans la concession voisine d'Halouze, où toutefois la puissance de la couche s'élève à 5 m. 50 - 7 m. 50, la teneur en fer demeurant de 48 à 50 après grillage avec 13 de silice environ.

La mine d'Halouze comporte 3 sièges d'exploitation : la Bocagerie, et deux puits éloignés de 800 mètres. La Bocagerie est desservie par une descenderie de 120 mètres, tandis que les puits ont été foncés à 190 mètres. Le premier siège, dont la limite d'action est de 876 mètres, est constitué par des galeries dirigées d'ouest en est, dont l'une à la cote 36 sert à l'écoulement des eaux et débouche au jour. La zone d'action du puits 2 atteint 900 mètres avec galerie d'orientation identique. Enfin la Bocagerie comprend 700 mètres de galerie. La force est assurée par deux centrales à gaz pauvre de 1.500 HP.

Une voie ferrée étroite électrique relie les sièges entre eux et à la gare du Châtelier. Elle mesure 5 kilomètres de long. Elle reçoit près de la Bocagerie, les minerais calcinés, grillés au moyen de 10 fours soufflés de 140 tonnes de capacité unitaire.

La mobilisation avait interrompu l'extraction. Les niveaux inférieurs furent envahis par les eaux et durent être dénoyés en 1915. L'exploitation reprit ensuite, mais limitée aux deux points. Le tonnage s'éleva à 88.370 tonnes de minerai calciné (178.647 de cru) en 1917, et à 54.949 (cru 119.934) en 1918.

Bien que les usines d'Isbergues aient été préservées de l'invasion, les Aciéries de France, concessionnaires d'Halouze, ont dû réduire, en 1919, l'extraction du fait de la crise des transports. La production de minerai cru fléchit de 120.000 à 53.500 tonnes, alors que le stock de fin d'année progressa de 116.000 à 122.600 tonnes. Bien que la préparation de calciné n'excédât pas 35.000 tonnes contre 55.000 tonnes le stock atteignait le 1er Janvier 1920, 57.000 tonnes. Les usines d'Isbergues n'avaient pu recevoir que 25.000 tonnes, 7.000 tonnes ayant été dirigées sur Caen.

Devant ces résultats le personnel avait été réduit de 432 en 1918, à 210 ouvriers en 1919 et à 123 en fin d'année.

Une amélioration du trafic en 1920, permit d'écouler la partie du calciné immobilisé, Isbergues fut pourvue de 59.600 tonnes et 16.000 tonnes exportées par Caen.

Aussi, malgré une production de 44.500 tonnes, le stock grillé d'Halouze était-il tombé le 1er Janvier 1921 à 7.000 tonnes et la réserve de produits crus de 122.500 à 75.000 tonnes.

La crise générale de 1921 contraignit cependant à de nouvelles coupes sombres dans le personnel ramené de 135 à 105 ouvriers à partir de Juillet dernier.

En 1920, on avait travaillé alternativement avec 2 puits et on avait suspendu les traçages. On a depuis 6 mois supprimé tout abatage et l'on s'est contenté d'extraire le minerai déjà à terre dans les chambres. Pourtant l'évacuation de 62.900 tonnes de calciné et l'exportation de 2.400 ont libéré le dépôt de minerai grillé. Au début de Décembre, il ne restait plus à Halouze que 75.000 tonnes de cru avec lequel on assurera des besoins qui s'amplifient heureusement petit à petit, en attendant une sensible reprise de la production minière.

MINES DE LARCHAMP. — Le synclinal se prolonge au delà d'Halouze, sur Larchamp, où l'exploitation fut entreprise en 1908 par le groupe dirigeant de la Basse-Loire. La couche de carbonate s'y développe pour dépasser parfois 8 mètres d'épaisseur. Trois puits avaient reconnu la formation. Un puits de travail fut foncé à 105 mètres pour desservir trois étages, 163, 193 et 223. Au niveau 247 a été ouverte une galerie d'aérage. L'exhaure est pratiqué avec deux pompes de 30 mc. de débit horaire.

Le puits est surmonté d'un chevalement métallique de 42 mètres avec culbuteur électrique. Une machine d'extraction de 200 HP., une centrale de 500 kwt. un atelier de compression de 400 HP., douze fours de calcination soufflés et un câble de 7 kilomètres aboutissant à la trémie du Châtelier complètent les installations.

La production, qui se chiffrait autour de 140.000 tonnes avant la guerre, fut arrêtée par la mobilisation. Seul l'épuisement fut perpétué. En 1919, après cinq ans de chômage les concessionnaires se remirent à l'œuvre, en vue de l'exportation par Caen.

Mais le tonnage se tint à 3.120 tonnes en 1919 et 18.275 en 1920. En dépit des circonstances l'extraction s'améliora en 1921, avec 39.000 tonnes au 31 Octobre, autour de 45.000 pour l'année, et l'on peut augurer pour 1922, une fourniture double.

LES NOUVELLES CONCESSIONS ET LES RECHERCHES. — Le 7 Janvier 1921, le gouvernement concédait très légitimement à la Société de Firminy, le gîte de Séez (649 hectares) découvert après une campagne d'études remarquablement conduite. Non moins justement il avait rejeté le 28 Mai 1920, une requête concurrente de la Société civile de Séez. Peut-être peut-on s'expliquer qu'il ait rejeté la demande des Forges de Vireux-Molhain, qui revendiquaient la partie du territoire compris entre Domfront et Mortain, où la formation est houillée.

Mais on ne saurait approuver l'ostracisme qui a fait jusqu'ici refuser toute récompense aux capitalistes qui ont risqué leurs deniers pour prouver le prolongement du pli de Mortain en direction de l'est : les Gontier et Tirard (1907), les Challemel et Pellier (1907), les Flicoteaux et Pierronne (1911) et surtout l'homme admirable, le savant désintéressé, le père de toutes les découvertes ultérieures dans l'Orne, M. Ochlert, correspondant de l'Institut, décédé récemment après avoir été spolié du fruit de sa science et de son labeur.

Quelques recherches nouvelles ont été tentées dans l'Orne depuis deux ans. Le Syndicat Lyonnais des Mines de Normandie a vainement essayé de recouper la couche à Néci et a foncé sans succès un puits de 17 mètres, tandis qu'à Moulicent l'ingénieur Lecomte-Denis ouvrait des tranchées sans rencontrer autre chose que des silex en rognons minéralisés.

Des venues d'eau ont obligé les prospecteurs à abandonner la lutte.

Les Transports
et l'Exportation des Minerais

Les minerais normands sont destinés à être consommés sur place, expédiés aux usines nationales ou exportés. Il est vraisemblable que la sidérurgie se développera dans la rayon de Caen, de la Basse-Seine et de la Basse-Loire. Déjà des Hauts-Fourneaux fonctionnent à Rouen, à Caen, à Trignac. Des aciéries ont été aménagées à Grand-Couronne, à Basse-Indre et à Nantes (Aciéries Nantaises) et l'on peut prévoir la création de nouvelles usines, surtout en vue de l'exportation du métal.

Les fourneaux rouennais ont absorbé à eux seuls en 1920, 40.393 tonnes du Calvados, tandis que les Etablissements de Caen se faisaient livrer 258.068 tonnes. En période normale d'activité les usines métallurgiques de l'Ouest pourront aisément utiliser 600 à 700.000 tonnes.

D'un autre côté le tonnage de Halouze, doit aller en marche régulière à Isbergues. Les fourneaux des Aciéries de France ont reçu ainsi 25.000 tonnes en 1919 et 59.621 tonnes en 1920 (en 1921 plus de 65.000). De même le minerai de La Ferrière est destiné à Denain, celui de Segré et partie de celui de Larchamps, à Trignac, celui de Gouvix à Firminy. Il n'en demeure pas moins que les mines de l'Ouest ne pourront accroître leur prospérité qu'en vendant à l'étranger le tonnage supplémentaire.

Avant la guerre, Caen, exutoire des Mines du Calvados et de l'Orne, avait expédié 480.728 tonnes (chiffres de 1913). Mais il sied de remarquer que Mortain exportait du minerai par Saint-Malo ou Granville. D'un autre côté Nantes embarquait en 1913, 185.000 tonnes et Saint-Nazaire, 139.120. Plus de 700.000 tonnes allaient donc au dehors.

Notre principal acheteur était l'Allemagne. La métallurgie anglaise, la plus routinière du monde, dédaignait en effet les produits calcinés et siliceux de l'Ouest et leur préférait les minerais calcaires d'Espagne.

Depuis la guerre qui avait presque suspendu tout trafic extérieur l'Allemagne s'est détournée des minerais qu'elle appréciait la veille. L'Angleterre est toutefois revenue à de meilleurs sentiments. Aussi le Calvados a-t-il livré en 1920, 35.156 tonnes aux îles Britanniques et l'Orne 80.030, le change français ayant favorisé les échanges.

Mais les opérations sont en partie paralysées par l'exagération des tarifs ferroviaires. Les prix du Châtelier (gare qui dessert Halouze et Larchamp) à Caen se sont élevés de 2.70 à 9.99. La main-d'œuvre étant passée à Caen de 2 à 5.50, les tracts d'acheminement entre la mine et le port, sont presque même exactement les mêmes que la valeur propre du minerai. Le service du Contrôle des mines n'a pas manqué de signaler le fait à l'attention du gouvernement. Si les anciens tarifs étaient majorés seulement avec le coefficient 2 1/2 au lieu de 3 3/4, nul doute que les exploitants réussiraient à traiter de gros marchés d'autant plus que la demande s'améliore de tous côtés au témoignage même des intéressés avec lesquels nous nous sommes entretenus.

Il ne suffira toutefois pas de modifier les barêmes de circulation. Il importe également de transformer le port de Caen. Celui-ci a pu manutentionner en 1919, 20.655 tonnes ; en 1920, 113.350, et en 1921, (11 mois), 200.107 tonnes (Janvier, 5.277 ; Février, 13.245 ; Mars 1.706 ; Avril, 850 ; Août, 1.410 ; Septembre, 9.712 ; Octobre, 14.548 ; Novembre, 19.354). Mais d'une part ses accès du côté terrestre sont notoirement insuffisants.

La Compagnie de Denain-Anzin ne peut réduire ses dépenses d'expéditions parce qu'il est impossible d'accepter pour le port de Caen des « trains complets ». Aucune installation spéciale n'a été réalisée, d'autre part dans le hâvre normand, à l'exception du bassin de l'usine métallurgique de Mondeville. Il n'existe pas d'accumulateur pour y déverser les wagons à déchargement automatique. Le minerai est jeté sur le quai à bras d'hommes et de la même façon on charge les bennes d'embarquement, d'où réduction de la capacité du port, ralentissement des opérations et surcroît des dépenses de manutention.

Il est grand temps qu'on remédie à cette impuissance de notre grand port à minerais. Une transformation analogue s'impose à Nantes et à Saint-Nazaire, si l'on n'installe pas à Donges, un établissement spécialisé.

Avant de clore cette étude, nous devons observer que les salaires des mineurs de l'Ouest ont été relevés. En 1920, on payait pour le fond 11,20 à 13,40 dans l'Orne ; 16,60 dans le Calvados et pour le jour de 9.90 à 11,45 dans le premier cas et 14,52 pour le second.

En Meurthe-et-Moselle, les salaires journaliers du fond s'élevaient à 21 fr. 56 en moyenne, et ceux du jour à 17 fr. Les exploitations de l'Ouest sont donc favorisées à cet égard. Par contre le recrutement du personnel est difficile et il le sera davantage avec l'extension de la production.

La valeur technique des ouvriers n'est d'ailleurs que moyenne. Le rendement du fond n'est que de 3 tonnes 09 contre 4,35 dans l'Est, mais l'esprit général est bon.

Les concessionnaires de la Normandie auront encore à vaincre pas mal d'obstacles pour porter à quelques millions de tonnes la puissance de leurs installations. Confiants dans l'avenir ils s'y préparent déjà avec diligence. On peut leur faire confiance à cet égard. En silence depuis trois ans ils ont achevé la préparation rationnelle des dépôts. Ceux-ci sont désormais prêts à concourir à la régénération économique du pays et il n'était pas inutile qu'on l'apprît à la France.

J. Pawlosky.

Journal l'*Information*, 1922.

Mines de Fer de Normandie

DESCRIPTION DU GISEMENT

La couche de minerai de fer exploitée dans le Calvados, l'Orne et la Manche, se trouve à un niveau géologique défini, dans le système silurien, au milieu de l'étage ordovicien. Sa place est au-dessus des grès armoricains, dans les schistes à calymènes, ou schistes d'Angers, soit à leur base même, au contact des grès, soit à 40 mètres au-dessus ; ces schistes sont surmontés par le niveau caractéristique des grès de May.

Le cambrien et le silien sont, en général, orientés en Basse-Normandie, suivant des bandes parallèles qui sont dirigées à peu près nord 115° est dans le Calvados et l'Orne, et se rapprochent de la direction est-ouest dans la Manche ; ils forment des synclinaux plus ou moins réguliers, plus ou moins complets, qui sont masqués à l'est par un recouvrement jurassique sous lequel ils plongent, tandis qu'à l'ouest, ils apparaissent au milieu des phyllades précambriens ou au contact des massifs éruptifs.

La couche de minerai de fer se présente à l'état, tantôt d'hématite, tantôt de carbonate lithoïde, tantôt d'un mélange des deux. En règle générale, les parties les plus profondes du gisement sont carbonatées, l'hématite ne se trouvant qu'au voisinage des affleurements. Il semble bien qu'à l'origine tout le dépôt ait dû se faire à l'état de carbonate ; l'oxydation aura été favorisée par la circulation des eaux superficielles et la limite de cette action doit se trouver à un niveau hydrostatique, mais c'est aux niveaux hydrostatiques anciens qu'il faudrait se reporter si possible pour la déterminer ; le niveau actuel ne donne pas d'indication précise à ce sujet.

Le minerai de fer ordovicien a été trouvé et est exploité le long de quatre synclinaux qui sont, du nord au sud :

Le synclinal de Saint-André et May-sur-Orne (Mine de May).

Le synclinal d'Urville (Mine de Soumont).

Le synclinal de Falaise qui va passer à Saint-Rémy et à Jurques (Mine de Saint-Rémy).

Le synclinal de la forêt de la Motte à Mortain, qui envoie une branche importante au nord sur La Ferrière-aux-Etangs et Halouze (Mines de La Ferière-aux-Etangs, Halouze et Larchamp).

Les minerais types normands sont des minerais riches rocheux et siliceux ; ils sont phosphoreux et peuvent donner de la fonte tenant 1,1 à 1,5 de phosphore. Ils conviennent donc pour la fabrication des fontes phosphoreuses de moulage, Martin ou Thomas, soit seuls pour les deux premières, soit mélangés avec des minerais plus phosphoreux pour la dernière.

DÉVELOPPEMENT DES TRAVAUX DE RECHERCHES ET D'EXPLOITATION

Les affleurements du minerai silurien ont été reconnus depuis longtemps et les parties hématisées ont été exploitées en minières pendant les siècles derniers. L'hématite concourait, avec la limonite rencontrée çà et là en poches superficielles, à alimenter les nombreuses forges de la région. Les travaux anciens se remarquent notamment à Saint-Rémy où les excavations sont connues sous le nom de Fosses-d'Enfer, à La Ferrière-du-Val, près d'Ondefontaine, à La Ferrière-aux-Etangs, tout le long de l'affleurement dans la forêt d'Halouze, en quelques points de la forêt de la Motte, enfin dans la forêt de Bourberouge et aux environs de Neufbourg, près Mortain.

Ce sont ces vieilles minières qui ont servi de guide, au début, pour les travaux ayant provoqué les concessions instituées sur le gisement. La concession de Saint-Rémy fut la première en date, en 1785 et la Société exploitante de celle-ci obtint, en 1884, la concession d'Halouze ; sur les autres régions de travaux anciens aucune autre recherche ne fut alors entreprise.

Une dizaine d'années plus tard, après les travaux de M. Le Cornu, qui établirent des couches siluriennes et servirent de guide pour la recherche du minerai ordovicien, les travaux d'exploration furent portés dans des régions neuves. Ils se développèrent d'abord sur les parties du gisement voisines des voies ferrées : ligne de Caen à Domfront, ligne de Caen à Vire, ligne de Caen à Argentan, plus tard tramway de Caen à Falaise. Ce ne fut que dans la période d'activité métallurgique intense des environs de 1900, que furent abordées les parties du gisement moins faciles à desservir. Ainsi, successivement, furent instituées notamment les concessions de May, La Ferrière, Soumont et Larchamp. Une campagne de recherches entreprise avant la guerre aboutit à la reconnaissance du prolongement vers l'est, du bassin de May et de la fermeture vers l'ouest, du bassin d'Urville ; il en résulta l'institution de sept nouvelles concessions en 1921.

MINE DE SAINT-RÉMY

La mine de Saint-Rémy a été concédée le 28 Septembre 1875 et amodiée le 22 Janvier 1876, à la Société Civile des Mines de Fer de Saint-Rémy-sur-Orne, dont le siège social est situé 74, rue de Lille, à Paris.

Le gisement est inclus entre les grès armoricains au mur et les schistes à calymènes au toit ; il consiste en une couche dont la puissance varie de 5 à 7 mètres et qui comprend 2 m. 50 à 3 m. 50 d'hématite au mur et 2 m. 50 à 3 m. 50 de minerai carbonaté au toit.

La moyenne des analyses effectuées par le laboratoire de l'Université de Caen, durant les cinq dernières années, a donné les résultats suivants :

	HÉMATITE	CARBONATE (Minerai violet)
Humidité	1,76	2,70
Perte au feu	10,15	14,65
Silice (Si 02)	6,30	10,80
Alumine (A L 203)	3,58	6,51
Chaux (Ca 0)	2,65	2,55
Mg 0	0,86	1,46
Fe 203	74,41	62,22
Mn 304	0,39	0,52
Soufre total	0,05	0,08
P 05	1,58	1,29
	99,95	100,08
Fe	52,08	43,55
Mn	0,28	0,37
P	0,68	0,68

Les propriétés physiques des minerais hématisés et carbonatés sont caractérisées par les proportions suivantes :

Minerai gros . . . .   45 %
Minerai grenu . . . .   35 %
Minerai menu . . . .   20 %

La dénivellation du sol qui forme une vallée dans l'axe même du synclinal, a grandement facilité l'accès de la couche à différents niveaux. L'extraction se développa au début, régulièrement, jusqu'à atteindre 40.000 tonnes en 1880 ; puis elle resta stationnaire pendant une dizaine d'années ; elle reprit ensuite, pour osciller depuis entre 95.000 et 120.000 tonnes par an.

De 1876 à 1922, la vente du minerai a atteint 3.222.790 tonnes d'hématite et 159.804 tonnes de carbonate.

Les ventes d'hématite se sont réparties de la façon suivante :

En France . . . .   1.087.647 tonnes
En Allemagne . . . .   1.239.390   —
Angleterre . . . .   859.362   —
Aux Etats-Unis . . . .   36.399   —

Le minerai carbonaté a été vendu jusqu'ici en France dans les usines normandes ; il s'est conduit parfaitement dans les lits de fusion où il a été mélangé avec les carbonates grillés et les hématites de la région. La Société a mis en construction des fours de grillage qui pourront livrer annuellement de 100.000 à 120.000 tonnes de minerai calciné. D'après les analyses de laboratoire et les essais qui ont été faits avec des appareils de petites dimensions, les résultats obtenus sont les suivants :

MINERAI DE FER VIOLET GRILLÉ

Perte au feu   0,25
Silice (SiO^2)   14,00
Alumine (AL^2O^3)   7,80
Chaux (CaO)   4,40
Magnésie (MgO)   1,70
Fe^2O^3   70,01   Fer (Fe)   49.00
Mn^3O^4   0,55
Soufre total (S)   0,13
PO^5   1,70   Phosphore (P) 0,73

——————————
100,54

Les fours actuellement en aménagement seront prêts à livrer le carbonate grillé en novembre 1923 ; les trois premiers chargements ont déjà été vendus pour l'Angleterre.

MINE DE MAY-SUR-ORNE

Gisement. — Le gisement de May-sur-Orne consiste en une couche d'hématite qui sans interruption traverse la concession sur toute sa longueur à l'extrémité ouest à l'extrémité est ; cette couche a été reconnue par de nombreux sondages, par quatre descenderies et un puits ; sa longueur en direction est de 6.100 mètres ; son épaisseur varie de 4 à 6 mètres ; elle est reconnue actuellement sur une hauteur verticale de 120 mètres et à cette profondeur partout où sont parvenus les travaux ont laissé la couche absolument régulière entièrement en hématite sans trace de carbonate.

Exploitation. — L'exploitation se fait par la méthode des piliers abandonnés, l'extrême solidité des épontes (toits en grès schisteux, murs en grès) permet d'exploiter sans remblais, ni boisages.

L'eau provient exclusivement de la surface et s'écoule naturellement par la galerie du niveau supérieur qui aboutit à l'Orne.

Extraction et Transport du Minerai. — Dans la partie ouest du gisement, le minerai exploité est remonté par des plans inclinés jusqu'à la galerie supérieure servant à l'exhaure, galerie à l'extrémité de laquelle il est par un câble aérien transporté jusqu'aux Chemins de Fer de l'Etat, ligne de Caen-Laval (distance de Caen : 9 kilomètres) qui se trouve en bordure de l'autre rive de l'Orne.

Pour la partie est du gisement l'extraction du minerai se fait par le puits « Urbain Le Verrier » puits de 4 mètres de diamètre et de 157 mètres de profondeur actuellement complètement armé ; chevalement en fer de 35 mètres de hauteur, machine électrique d'extraction de 400 HP. Ce puits est relié par un raccordement de 680 mètres au chemin de fer minier à voie normale de Soumont à Caen. La distance du puits à la gare de Caen-Etat est de 16.500.

Un troisième chemin de fer, celui-là à voie étroite (ligne de Caen à Falaise), traverse la concession, au village de Fontenay-le-Marmion et peut être employé pour le transport des marchandises.

Force motrice. — La force motrice nécessaire à l'exploitation (machine d'extraction, treuils de descenderies, compresseurs d'air, câble aérien, ateliers, etc...) est fournie par la Société électrique de

Caen, qui amène à 30.000 volts, aux transformateurs de la mine le courant qui est utilisé à 220 volts dans les travaux.

Production. — Le tonnage total extrait, depuis le début de l'exploitation jusqu'à la fin de 1922, a été de : 1.275.000 tonnes, dont 121.000 tonnes en 1922. Ce tonnage , par suite de développement des travaux, pourra être facilement porté à 300.000 tonnes environ en 1925.

Le tonnage du minerai reconnu peut assurer l'extraction pendant un grand nombre d'années, sans qu'il soit tenu compte du tonnage du minerai qui se trouve au-dessous des travaux actuels, qu'il est permis d'estimer devoir être très important.

Habitations ouvrières. — Les ouvriers sont, pour la plupart, logés dans des immeubles appartenant à la Société qui a, dès maintenant, entrepris la construction de nouvelles maisons destinées à faire face à l'accroissement de la main-d'œuvre que va nécessiter l'extension qu'elle veut donner à ses travaux.

MINE DE SOUMONT

Gisement. — Le gisement de minerai de fer concédé par décret du 13 Décembre 1902 et exploité depuis 1907 par la Société des Mines de Soumont, se trouve sur le flanc sud du bassin synclinal d'Urville, à 25 kilomètres au sud de Caen.

La couche de minerai se trouve dans les terrains siluriens à l'étage des schistes d'Angers, elle repose par places directement sur les grès armoricains. La couche, orientée sensiblement est-ouest, plonge vers le nord avec une inclinaison variant de 28 à 34 degrés.

Le gisement est assez régulier ; la seule faille notable qui ait été rencontrée est la faille d'Aisy, avec un rejet horizontal de 60 mètres La couche a une puissance utile de 3 à 5 mètres. Le tonnage de minerai exploitable reconnu par les traçages est d'environ 15 millions de tonnes ; l'exploitation de la mine est donc assurée d'un long avenir.

Le minerai est constitué par du carbonate de fer ; mais à l'approche de l'affleurement aux morts-terrains jurassiques qui présentent à Soumont une épaisseur de 20 à 50 mètres, le carbonate est transformé en hématite.

Le minerai carbonaté de Soumont, à l'état cru, donne de 20 à 25 % de perte au feu.

Après grillage dans les fours à cuves installés par la mine le minerai carbonaté présente une composition semblable à celle de l'hématite avec les teneurs moyennes suivantes à l'état naturel :

Fer..........................	43	à	46
Silice	17	à	18
Ph	0,6		
Mn..........................	0,1	à	0,4
AL 203	4	à	7
CAO MgO	1	à	4
Perte au feu..............	2	à	6
Humidité...................	1	à	3

Des essais sur la composition physique du minerai grillé ont donné :

Gros de plus de 35 milimètres........	80 %
Moyen entre 15 et 35 millimètres	12
Menu de moins de 15 millimètres.......	8

Pénétrable au gaz ce minerai se réduit facilement au haut-fourneau.

En 1922, il a été extrait à Soumont 54.737 tonnes de carbonate cru et 61.372 tonnes d'hématite. Il a été expédié cette même année 157.703 tonnes de minerai grillé ou hématite, dont 139.258 tonnes à l'usine de Mondeville et 18.545 tonnes en Angleterre.

Installations d'extraction. — L'extraction tout entière se fait sur la commune de Soumont-Saint-Quentin (Calvados) par le siège constitué par les descenderies nos 2 et 1. L'installation d'extraction électrique par skips de la descenderie no 2 permet de réaliser par l'étage 95 une extraction horaire de 250 tonnes. Les installations du fond permettent actuellement une extraction annuelle de 300.000 tonnes de carbonate cru, qui pourrait, avec quelques travaux d'aménagement du fond, être rapidement portée à 600.000 tonnes. Une installation électrique plus modeste à la descenderie no 1, permet d'extraire, également par skips, de l'hématite des étages supérieurs de la mine ; au premier besoin, l'extraction d'hématite par la descenderie no 1, pourra être portée à 100.000 tonnes par an.

Le carbonate remonté par les skips de la descenderie no 2, se déverse aux deux tiers de la hauteur d'un chevalement métallique, haut de 40 mètres, dans un accumulateur en ciment armé de 1.800 tonnes.

De là il est, soit repris en wagonnets et versé à la batterie provisoire de fours de grillage, soit repris directement par les bennes d'un transporteur aérien et versé en stock. Au fond, la traction des berlines dans la galerie de roulage de l'étage 95 est assurée, au levant par un traînage mécanique par câbles sans fin, au couchant, par chevaux. Le contenu des wagons est déversé, après pesage, au moyen d'une balance automatique, dans une trémie munie de culbuteurs rotatifs, placés eux-mêmes au-dessus d'un accumulateur en béton armé, pourvu de trappes Zublin et d'un système d'écluses qui permet le chargement quasi instantané du skip de 8 tonnes.

Machines. — Le grand bâtiment des machines de la mine contient notamment le convertisseur de la machine d'extraction de la descenderie n° 2 (système Léonard avec volant de 19 tonnes), un compresseur Messian à pistons commandés électriquement de 600 HP. suceptible de fournir 12 m.3 minutes à 6 kgrs 5 effectifs : un compresseur Worthinfton de 115 HP suceptible de fournir 2 m.32 minutes à 7 kgrs effectifs.

Grillage. — Une batterie de trois fours de grillage avec chemise extérieure en maçonnerie permet d'assurer une production annuelle de 85.000 tonnes de minerai grillé. Une nouvelle batterie de quatre fours de type semblable mais de capacité plus grande et avec chemise en tôle est en cours de construction. Elle assurera en plus une production annuelle de 200.000 tonnes de minerai grillé qui pourra être facilement accrue en cas de besoin par l'addition de nouveaux fours.

Transport d'énergie. — L'énergie nécessaire aux moteurs de la mine est fournie par l'usine de Mondeville, près Caen, qu'exploite la Société Normande de Métallurgie. Le courant est amené sous 30.000 volts au moyen d'un câble armé de 30 kilomètres de long, des transformateurs abaissent cette tension à la mine à :

5.150 volts pour les gros moteurs ;
560 volts pour les petits moteurs ;
133 volts pour l'éclairage ;

Un groupe demi-fixe de 160 HP. installé à la mine peut fournir comme secours du courant à la tension de 550 volts.

Chemin de fer minier. — Pour relier la Mine de Soumont à l'usine métallurgique de Mondeville et à la gare et au port de Caen, un chemin de fer à voie normale a été construit sur une longueur de 32 kilomètres entre Caen et Soumont. La construction de ce chemin de fer déclaré d'utilité publique par décret du 3 Avril 1912, modifié le 27 Décembre 1916, avait été retardée par la guerre. La Société des Mines de Soumont l'a mis en service au mois d'Avril 1920.

Outre la mine et l'usine, le chemin de fer minier dessert par embranchement diverses mines, usines et carrières.

Institutions. — Pour loger le personnel de la mine, la Société avait fait construire avant la guerre, principalement sur la commune de Potigny, contigüe à Soumont-Saint-Quentin, 102 bâtiments et acheté trois autres. Ces bâtiments comprennent : 316 logements à deux, trois ou quatre pièces et 36 chambres meublées. Tous les logements ouvriers sont pourvus d'un jardin. La Société a subventionné les écoles de Potigny, et loue au département un immeuble à usage de gendarmerie.

MINE D'HALOUZE

Cette concession, d'une superficie de 1.210 hectares, a été instituée par décret en date du 8 Avril 1884. Elle s'étend sur le gisement de minerai de fer synclinal de Mortain, Domfront, Alençon, Séez et sur la branche du nord (La Ferrière, Halouze, Larchamp) de ce synclinal.

Ce gisement est constitué par une couche de minerai de fer presque verticale avec pendage inverse vers le sud-sud-ouest. Cette couche dont les affleurements sont nettement marqués par les fouilles des anciens faites à ciel ouvert et qui atteignent parfois 15 à 20 mètres de profondeur, s'étend de l'est-sud-est à l'ouest-nord-ouest, dans la concession d'Halouze, sur une longueur de près de six kilomètres ; sa puissance varie entre 5 m. 50 et 7 m. 50.

Composition du minerai. — Le minerai est du carbonate lithoïde en profondeur et de l'hématite dans le voisinage des affleurements ; le carbonate est gris et souvent rougeâtre lorsqu'il a subi une oxydation partielle.

Après calcination, sa composition moyenne est la suivante, le minerai étant desséché à 100° C :

	%
Fer	48 à 50
Silice	13 à 14 1/2
Manganèse	0,56
Soufre	0,25
Phosphore	0,67

La perte au feu est d'environ 20 %.

Sièges d'exploitation. — La couche est actuellement exploitée par deux sièges : le puits n° 1 et le puits n° 2.

Siège n° 1, puits n°1 . — Le puits n° 1, situé à 30 mètres au nord des affleurements se trouve au centre de la concession. Sa profondeur est de 190 mètres. Des travers-bancs creusés à divers niveaux rencontrent la couche.

Le niveau supérieur débouche au jour dans une petite vallée et sert de galerie d'écoulement. L'exploitation des niveaux supérieurs est terminée et on exploite et prépare actuellement les niveaux inférieurs. Le niveau supérieur a permis l'exploitation de la couche jusqu'aux affleurements ; cette exploitation s'est faite par tranches horizontales montantes et remblais complets. On exploite les étages inférieurs, soit avec remblais, soit par chambres, suivant la solidité et la régularité du toit. Aux différents niveaux l'exploitation s'étend en partant du puits n° 1, à l'est sur 500 mètres et à l'ouest sur 470 mètres jusqu'à une limite qu'on s'est imposée, le surplus faisant partie du champ d'exploitation du puits n° 2, soit au total en direction sur 970 mètres.

Dans tous les avancements la couche présente une régularité presque parfaite avec une inclinaison inverse vers le sud-sud-ouest d'environ 80°. Sa puissance est à peu près constante et se maintient toujours entre 5 m. 50 et 7 m. 50. Le minerai qui la compose est formé de carbonate gris ou légèrement rougeâtre homogène et sans impuretés.

Le puits n° 1 est muraillé avec guidage central en fer et un compartiment pour les échelles. Les cages sont à un seul étage et à un seul wagonnet. Ce puits est muni d'un chevalement métallique de 20 m. 25 de hauteur totale et d'une machine d'extraction électrique de 120 HP. l'épuisement est assuré par deux pompes électriques installées au niveau de 130 mètres et possédant chacune leur conduite de refoulement. La venue d'eau journalière moyenne est de 380 mètres cubes. Une nouvelle salle de pompes est en préparation à l'étage 180 et comprendra deux pompes électriques Rateau capables de refouler 60 mètres cubes à l'heure, à 180 mètres de hauteur.

Siège n° 2, puits n° 2. —.Le puits n° 2 est situé à 800 mètres à l'ouest du puits n° 1 et à 50 mètres au nord des affleurements. Sa profondeur est de 190 mètres. Il est muraillé comme le puits n° 1 et guidé en bois avec un compartiment pour les échelles. Il est muni d'un chevalement métallique de 21 mètres de hauteur totale et d'une machine d'extraction électrique semblable à celle du puits n° 1. Les cages sont à un seul étage et à un seul wagonnet. Deux pompes électriques pouvant refouler ensemble 120 mètres cubes à l'heure et possédant chacune leur conduite de refoulement, sont installées à l'étage de 132 mètres. La venue d'eau journalière moyenne est de 435 mètres cubes. Des travers-bancs recoupant la couche ont été tracés à divers étages. Le champ d'exploitation du puits n° 2, tant à l'ouest qu'à l'est, est d'environ 900 mètres.

L'exploitation des étages supérieurs est terminée. Les méthodes d'exploitation sont les mêmes qu'au puits n° 1.

Stations centrales d'électricité. — Deux stations centrales d'électricité, l'une au puits n° 2 de 950 HP., l'autre à la Bocagerie de 240 HP., près des fours de calcination, fournissent le courant électrique continu à 510 volts aux machines d'extraction, aux pompes d'épuisement, aux compresseurs d'air, aux locomotives électriques, aux ventilateurs des fours, etc. Ces deux stations sont réunies par le câble qui sert à la traction électrique et marchent en parallèle.

Fours de calcination. — Le minerai carbonaté tout-venant, à la sortie de la mine, est déchargé dans des accumulateurs placés près de l'orifice des puits. Il est ensuite repris dans des wagons d'une contenance de cinq tonnes et conduit par des locomotives électriques aux fours de calcination, où sont installés deux transbordeurs. Chaque transbordeur est muni d'un culbuteur rotatif à manœuvre électrique qui déverse dans les fours la charge de minerai contenue dans les wagons de cinq tonnes. Les fours sont au nombre de dix. Les six premiers en date sont du modèle classique en maçonnerie avec garnissage réfractaire et cuves cylindriques, et comme dimensions utiles 3^m30 à 4^m30 de diamètre sur 6 mètres de hauteur. Leur production journalière est de 55 tonnes pour les fours de 3^m70 et 65 tonnes pour les fours de 4^m30.

Les quatre derniers fours construits sont en tôle avec garnissage réfractaire. La partie supérieure de la cuve est cylindrique et la partie inférieure tronconique. Cette cuve repose sur une marâtre soutenue par six colonnes de forme spéciale.

Les caractéristiques de ce nouveau type de four sont les suivantes : 1° production de 140 tonnes par vingt-quatre heures, 2° économie de main-d'œuvre d'environ 30 %. Toutes les pièces caractéristiques de la base du four sont en acier moulé ou en fonte spéciale et proviennent des usines de la Société des Aciéries de France à Isbergues.

Chaque four ancien ou nouveau présente à sa base un cône central de soufflage. L'air est produit par des ventilateurs électriques sous uné pression moyenne de 80 millimètres d'eau pouvant aller à 200 millimètres.

Le minerai carbonaté tout-venant est chargé pendant le jour. On ajoute de temps en temps une faible quantité de charbon menu anthraciteux (15 kilogrammes environ par tonne de minerai cru). On souffle pendant la nuit après avoir pris soin de luter les portes et on tire le minerai calciné pendant le jour.

Expédition des minerais. — Le minerai calciné est transporté au moyen d'un chemin de fer électrique à l'embranchement du Châtelier situé à 1.500 mètres des fours, sur la ligne de Caen à Laval. Là il est déchargé, soit dans un grand accumulateur contenant un millier de tonnes, soit directement dans des wagons de 40 tonnes appartenant à la Société des Aciéries de France. Ces wagons font la navette par rames de quinze (600 tonnes utiles) entre Le Châtelier et les usines métallurgiques des Aciéries de France situées à Isbergues (Pas-de-Calais).

Production. — La concession d'Halouze a été achetée par les Aciéries de France en Mars 1905. Les travaux commencèrent au mois d'Octobre de la même année. Un an après, fin 1906, la production journalière atteignait 50 tonnes. En 1913, elle était de 600 tonnes. Actuellement, en raison de la guerre et de la pénurie de main-d'œuvre elle est, pour les deux sièges en exploitation, de 450 tonnes. Lorsque les besoins s'en feront sentir, il sera possible d'établir encore un ou deux sièges d'extraction qui pourront permettre d'accroître la production dans une large mesure.

Le minerai produit actuellement est consommé à Isbergues dans les usines de la Société des Aciéries de France. Avant la guerre, un tiers environ de la production totale était exporté dans le port de Caen.

Le personnel occupé aux mines d'Halouze est aujourd'hui de 185 ouvriers fond et jour. 64 maisons représentant 190 logements à deux, trois ou quatre pièces ont été construites par la Société des Aciéries de France à proximité des puits et des fours.

MINE DE LA FERRIÈRE-AUX-ÉTANGS

La Société de Denain et d'Anzin exploite depuis 1903, dans sa concession de La Ferrière-aux-Étangs, d'une superficie de 1.605 hectares instituée par décret du 21 Février 1901, une partie du gisement de carbonate de fer situé dans la longue bande de terrain silurien qui s'étend entre Flers et Bagnoles-de-l'Orne.

Ce gisement est formé par une couche de carbonate de fer à structure oolithique de 2ᵐ 50 à 3 mètres d'épaisseur, régulièrement stratifiée dans l'étage des schistes à calymènes à 35 mètres environ au-dessus des grès armoricains ; l'inclinaison moyenne est de 30 à 35 degrés et le pendage a une direction nord-est.

Les affleurements de cette couche ont une direction sensiblement sud-est-nord-ouest, et ils se montrent régulièrement sur quatre kilomètres de longueur environ depuis la limite sud de la concession jusqu'au village de la Ferrière-aux-Étangs.

Dans les affleurements la couche de carbonate de fer a été transformée par les actions atmosphériques en hématite hydratée ou limonite ; ce minerai seul a été extrait par les Anciens. Le gisement fut reconnu principalement au moyen de deux galeries dirigées suivant la couche, l'une au nord, l'autre au sud et qui servent maintenant de retour d'air.

Lorsque la valeur du gisement fut bien établie, on détermina le tracé le plus favorable pour la construction d'un chemin de fer minier ; à son extrémité on ouvrit au flanc de la colline un travers-banc de 850 mètres de longueur environ qui alla recouper la couche, ce travers-banc fut prolongé au nord et au sud par des galeries de niveau prises dans la couche et destinées au roulage électrique des wagons de minerai ; ces galeries atteignaient au 1ᵉʳ Janvier 1923, un développement de 1.880 mètres, 50 m. vers le sud et 1.839 m. vers le nord.

En profondeur l'exploitation est faite à un premier niveau par une descenderie, elle se fera dans l'avenir par deux puits intérieurs ; l'un pour le quartier sud a déjà commencé la préparation de l'exploitation d'un 2ᵉ étage en profondeur, l'autre dans le quartier nord-est actuellement en fonçage.

La méthode d'exploitation employée est celle des tailles chassantes avec piliers abandonnés sans remblais. Les travaux montrent que la continuité de la couche est certaine sur une hauteur verticale de 100 mètres au-dessous du grand travers-banc de roulage, mais la puissance et l'inclinaison restant sensiblement les mêmes au niveau inférieur et aux affleurements la couche se continuera certainement en profondeur ; on peut donc être assuré d'un important tonnage.

Le minerai est du carbonate de fer à texture oolithique. La couleur en est, soit rougeâtre, soit gris foncé brunâtre ; les bancs de différentes couleurs alternent entre eux sans régularité.

Le minerai tel quel est grillé, au sortir de la mine dans des fours à cuves soufflés ; après grillage, il contient à l'état sec, 49 à 51 % de fer, avec 13 à 14 de silice et 0,7 à 0,8 de phosphore.

La Société possède neuf fours qu'elle met en marche suivant ses besoins.

Une station centrale électrique de 800 kilowatts fournit la force nécessaire à la traction de la mine, aux treuils des puits, aux compresseurs, aux pompes d'épuisement et aux ventilateurs des fours.

Un embranchement de 4 km. 500 relie la mine à la station de Saint-Bomer-Champsecret, des Chemins de fer de l'Etat.

La métallurgie anglaise a paru longtemps peu désireuse d'employer les minerais carbonatés grillés normands, trouvant qu'ils contenaient une assez forte proportion de menus; cependant, ces menus peuvent s'agglomérer facilement, et on a alors un minerai à teneur en fer assez élevée et facile à traiter dans les hauts-fourneaux par suite de sa grande perméabilité aux gaz ; actuellement, l'objection paraît ne plus exister

La production est, en principe, réservée tout entière aux usines de la Société, situées à Denain et à Anzin ; mais, en attendant la reconstitution de ces usines qui ont été saccagées par les Allemands durant la guerre, la presque totalité du minerai est vendue et exportée par le port de Caen.

De 1903 à 1913, la mine s'est développée normalement ; la guerre arrêta ce développement ; l'exploitation dut être interrompue d'août 1914 jusqu'à 1916 ; elle reprit alors faiblement, les expéditions de minerai vers l'Angleterre étant difficiles et limitant la production.

Les expéditions de minerai calciné qui avant la guerre atteignaient 120.000 tonnes annuelles se sont élevées en 1922 à 53.000 tonnes, dont 50.969 ont été exportées par le port de Caen. Depuis le commencement de l'exploitation, le tonnage total des expéditions s'est élevé à 1.124.984 tonnes de minerai calciné.

Pour faciliter le logement des ouvriers la Société possède 5 maisons comportant chacune deux habitations ; chaque logement est pourvu d'un jardin, une cantine comprenant 16 chambres peut servir au logement des célibataires. Une coopérative facilite aux ouvriers leurs approvisionnements de toutes sortes. Une école est mise à la disposition des enfants du personnel.

MINE DE LARCHAMP

La Société des Mines de fer de Larchamp, Société anonyme au capital de 4 millions de francs, est contrôlée par la Société des Usines métallurgiques de la Basse-Loire qui fait partie elle-même de l'important groupement sidérurgique des Forges et Aciéries du Nord et de l'Est, dont l'organisation de vente est la Société Nortrilor, 25, rue de Clichy, Paris (9e).

La concession de Larchamp, d'une superficie de 440 hectares, est située à l'extrémité de la branche nord du synclinal de Sées à Mortain, qui se détache de la branche principale aux environs de Bagnoles-de-l'Orne.

La couche est dès à présent, suivant les affleurements, sur une longueur de 2.500 mètres environ, et en profondeur sur une longueur de 1.200 mètres. La direction est est-ouest, le pendage de 85°, la puissance moyenne est de 5m 50.

La formation ferrugineuse se trouve située dans l'étage ordovicien (silurien moyen) dans les schistes à calymènes à une cinquantaine de mètres au-dessus du grès armoricain. Les épontes sont constituées au mur par un banc de grès de 3 à 4 mètres d'épaisseur au toit par les schistes.

Le minerai est du carbonate de fer oolithique. Les bancs du mur sont de couleur rouge, ceux du toit de couleur noire, mais sans différences sensibles dans la composition moyenne.

Après le passage du minerai dans les fours de calcination, on arrive aux teneurs suivantes :

	%		
Silice...............	13,70		
Chaux............	3,90		
Magnésie.........	1,66		
Alumine.........	6,53		
P^5O^2.............	2,05	Phosphore	0,90
Sesquioxyde de fer.	70,14	Fer	49,05
Mn^4O^3	0,60	Manganèse.......	0,43
Soufre...........	0,07		
Perte au feu	1,20		
Total.......	99,85		

La composition physique est approximativement la suivante :

55 % de gros
35 % de grenaille.
10 % de menu.

L'extraction s'effectue par un puits circulaire de 3^m 70 de diamètre foncé actuellement à 105 mètres de profondeur, et comportant trois niveaux d'extraction, respectivement à 40, 70 et 100 mètres de profondeur. L'approfondissement jusqu'à 200 mètres est dès maintenant prévu.

La méthode d'exploitation adoptée jusqu'ici est celle des tailles chassantes avec remblais descendus du jour ; on tend à lui substituer progressivement la méthode des grandes tailles magasins l'ouvrier s'élevant sur le minerai que l'on accumule provisoirement dans la mine.

Le puits est muni d'une machine d'extraction à vapeur susceptible de remonter 125 tonnes à l'heure de 200 mètres de profondeur.

A la sortie du puits le minerai est déversé au moyen d'un culbuteur rotatif dans des trémies, d'où il est repris pour être conduit aux fours de calcination

Ceux-ci sont au nombre de douze. Ce sont des fours à cuve soufflés de 3^m 10 de diamètre à 7^m 50 de hauteur.

La capacité d'un four est d'environ 60 tonnes de minerai grillé par jour.

L'épuisement est assuré par deux pompes centrifuges commandées électriquement et débitant chacune 60 mètres cubes à l'heure.

Un atelier de compression d'air comportant trois compresseurs de 145 HP. chacun, fournit l'air comprimé nécessaire aux marteaux perforateurs.

Les mines de Larchamp produisent elles-mêmes l'énergie électrique dont elles ont besoin. A cet effet la centrale électrique comporte une puissance installée de 500 kilowatts répartie en deux groupes électrogènes identiques de 250 kilowatts chacun.

La mine est reliée à un embranchement particulier sur la ligne Laval-Caen, par un transporteur aérien bicâble de 6 kilomètres environ de longueur débitant 60 tonnes à l'heure.

Les premiers travaux ont commencé en 1900, la production a

rapidement augmenté et atteignait les chiffres suivants dans les dernières années qui ont précédé la guerre :

En 1910.............. 88.500 tonnes
1911.............. 128.600 —
1912............... 142.100 —
1913.............. 136.400 —

Au 1er Août 1914, les travaux d'exploitation ont été interrompus et pendant toute la durée de la guerre on s'est borné à assurer l'épuisement et l'entretien des galeries principales.

L'exploitation est activement reprise depuis quelque temps. En dehors des besoins possibles des usines françaises, notamment de celles du groupe des Forges et Aciéries du Nord et de l'Est (Trignac, Valenciennes, Louvroil), le minerai de Larchamp est très demandé pour l'exportation, soit en Angleterre, soit en Allemagne.

EXPORTATION

L'exportation du minerai normand se fait presque exclusivement par le port de Caen, qui est le plus rapproché des diverses concessions minières ; les Chemins de fer de l'État, le chemin de fer minier à voie normale de Soumont à Caen, y amènent les produits des diverses exploitations. Malheureusement, les aménagements actuels du port de Caen sont insuffisants pour permettre des chargements rapides et économiques et il faut attendre que les travaux d'agrandissement entrepris aient reçu leur réalisation pour que l'exploitation du gisement normand puisse prendre son complet développement et donner satisfaction aux demandes des exportateurs. En même temps que l'aménagement du port lui-même, doivent, du reste, se poursuivre les installations des voies d'accès et les études de toutes les questions ayant pour résultat de limiter les charges diverses que peut supporter un minerai de faible valeur à la mine sans perdre la possibilité de concurrencer sur les marchés d'exportation les minerais d'autre provenance. Caen est, du reste, le port d'attache de Compagnies de Navigation, qui faisant l'importation des charbons anglais, sont les premières intéressées à faciliter l'exportation du minerai de fer qui peut leur procurer un intéressant fret de retour.

Avant la guerre, les tonnages de minerai exportés, qui avaient atteint 490.000 tonnes en 1913, se répartissaient entre l'Angleterre et l'Allemagne ; mais, depuis quatre ans, tout le tonnage a été presque exclusivement livré à la métallurgie anglaise qui, elle-même, privée d'approvisionnements en minerais d'autre origine, a reconnu tout l'avantage qu'elle pouvait retirer des minerais normands ; l'exportation, réduite à un tonnage insignifiant pendant la guerre, a atteint 163.000 tonnes en 1922. On peut prévoir que, lorsque les installations nouvelles du port de Caen permettront d'augmenter les productions des mines, le courant d'échange charbons-minerais avec l'Angleterre prendra lui-même un nouveau développement.

Le Minerai de Fer

LE BASSIN DE L'OUEST

Les minerais du Massif ancien se groupent en deux domaines bien distincts. Au nord, celui de Normandie et du Maine est formé de minerais siluriens, subordonnés aux schistes à calymènes auxquels s'ajoutent deux gîtes dévoniens. Les formations ferrifères contiennent rarement plusieurs couches exploitables, le plus souvent une seule. Les minerais sont utilisés par les Hauts-Fourneaux de Caen et de Rouen, par les usines sidérurgiques du Nord de la France et surtout par les métallurgies allemande et anglaise qui les embarquent au port de Caen. Au sud, le domaine minier de l'Anjou et de la Basse-Bretagne comprend une importante série de minerais interstratifiés en deux, trois ou quatre couches dans les grès armoricains ; des minerais gothlandiens, des minerais d'âge tertiaire exclusivement superficiels. Ils ont pour le moment un débouché naturel dans les usines de Trignac et sont expédiés à l'étranger comme fret de retour des charbonniers par les ports de Nantes et de Saint-Nazaire.

Avec une grande prudence M. Cayeux estime à 800 millions de tonnes les réserves du groupe septentrional et à 1.024 millions la puissance du groupe méridional, en chiffres ronds 1.800 millions, soit une infériorité de deux tiers environ par rapport aux réserves lorraines. C'est là une première différence; il en est d'autres.

Dans l'Ouest, les couches varient constamment comme nombre comme épaisseur, comme teneur. Dans une même concession il est impossible d'établir des prévisions avant d'avoir exécuté de nombreux traçages. En outre, les strates sont redressées, souvent verticales, et les failles fréquentes. Les minerais d'Anjou, de Bretagne et de Normandie ne peuvent rémunérer les grandes exploitations de l'Est. Ils sont destinés aux industries de petite envergure.

Par contraste avec la minette qui constitue l'unique variété des gisements de l'Est, les gisements de l'Ouest sont fort divers par leurs caractères pétrographiques. Sans tenir compte des minerais de minière, on trouve des magnétites dans la Manche et le Maine-et-Loire ; de la bavalite dans les Côtes-du-Nord, des hématites dans le Calvados, la Loire-Inférieure et l'Ille-et-Vilaine ; des carbonates dans le Calvados et l'Orne, exceptionnellement dans le groupe méridional. Les sortes les plus abondantes sont constituées par des hématites avec des teneurs variant de 30 à 40 %.

Ces derniers sont extraits normalement dans les bassins ferrifères d'Urville, de Domfront-Mortain et de la Ferrière-aux-Etangs. Ils sont grillés avant expédition pour diminuer la teneur en humidité et abaisser les frais de transport. L'enrichissement correspond à dix unités dans le pourcentage.

En dehors de ces teneurs élevées en fer qui dépassent les teneurs du bassin lorrain, les minerais de l'Ouest sont peu alumineux (1,39 à 4,50 p. 100 privés de chaux ou peu s'en faut, 1 à 4 p. 100 très peu manganésés, moyennement phosphoreux, 0,4 à 0,8 p. 100) mais surtout fort siliceux, 8 à 25 p. 100.

Par leur teneur en phosphore ils se tiennent à mi-distance des minerais exempts de phosphore comme les minerais de Biscaye, d'Algérie et des Pyrénées, d'où l'on tire la fonte hématite et de ceux qui en contiennent suffisamment comme les minerais de l'Est pour être tributaires des convertisseurs Thomas ; ils conviennent particulièrement pour la fabrication des fontes de moulage. Cependant on a reconnu qu'ils peuvent se traiter par le procédé Thomas si l'on ajoute au lit de fusion une certaine quantité de craie phosphatée.

Enfin les fontes élaborées avec ces minerais produisent un acier équivalent à l'acier hématite quand elles ont été passées sur la sole basique du four Martin. Longtemps dépréciés à cause de leurs impuretés les minerais de l'Ouest paraissent s'adapter à toutes les fabrications.

La guerre a consacré leur valeur. Les industries nationales les disputent aux industries allemandes, anglaises, qui jusqu'ici ont accaparé la plus grande partie de l'extraction.

J. LEVAINVILLE,

(Extrait de *l'Industrie de Fer en France*)
Librairie Armand Colin (1922)

Le Sous-Sol de la Basse-Normandie

Le Bassin Minier

Les archives historiques, les vieux actes des tribunaux prouvent que, dès les époques gauloise et gallo-romaine des mines de fer étaient exploitées en Basse-Normandie. Les nombreuses et vastes forêts existant à proximité des gîtes permettaient le traitement du minerai au bois et sur place. On remarque encore les vestiges de nombreuses forges et plusieurs localités rappellent aussi par leur nom l'existence de ces anciens foyers de l'industrie métallurgique : ferrière, minière, forge, fonte, fourneau autant de dénominations qui, très souvent, ont guidé les premiers pas des géologues.

Cette multiplicité des centres sidérurgiques ne peut s'expliquer que par la difficulté des communications qui assurait à chacun d'eux une clientèle locale suffisant à sa production.

Peu à peu les affleurements furent épuisés et le manque d'outillage ne permit pas de pousser plus avant l'exploitation ; d'autre part le déboisement prenait des proportions inquiétantes ; des forêts entières avaient disparu et des mesures légales de protection contribuèrent à faire abandonner les mines. Enfin le développement des facilités de transport entraînant des conditions économiques nouvelles contribua à la disparition de tous ces petits centres. Dès la Révolution l'exploitation était sur son déclin ; en 1875 le dernier haut-fourneau éteignit ses feux à Bourberouge près de Mortain.

Au début du siècle on enseignait encore partout, aussi bien dans les écoles primaires que dans les Facultés, que la Normandie était une province exclusivement agricole. De rares prospecteurs, fort peu encouragés d'ailleurs, avaient bien découvert quelques gîtes et s'efforçaient d'en faire connaître la richesse insoupçonnée. Il est difficile d'imaginer les obstacles auxquels ils se heurtaient et l'incompréhensible et systématique inertie qui leur fut opposée tant par les pouvoirs publics que par les capitalistes? nous ne rappellerons pas les différentes phases de la véritable lutte que durent soutenir les géologues, qui avaient foi dans la richesse du sous-sol normand, que maintenant on s'accorde à comparer à celui de Meurthe-et-Moselle, et qui se classe le second comme producteur de minerai en France. Des esprits timorés, des capitalistes méfiants, des concurrents jaloux, des polémiques politiques, financières ou hostiles d'une presse souvent intéressée, firent refuser les capitaux aux mines dans les dix premières années de ce siècle, comme elles le firent un peu plus tard, pour les industries de la région.

Quelques hommes clairvoyants avaient cependant montré combien il était regrettable de laisser concentrer dans les régions frontières toute notre grande industrie. Il fallut l'invasion des capitaux allemands et le geste des grands potentats de l'industrie d'outre-Rhin, pour ouvrir les yeux ; une exploitation systématique ne put commencer que quelques années avant la guerre.

Encore certains métallurgistes, inquiets de la concurrence que les mines normandes pourraient leur faire en particulier après l'établissement des Hauts-Fourneaux de Caen, affirmèrent-ils que l'on ne pourrait jamais obtenir de fonte à partir d'un semblable minerai, ignorant probablement les expériences faites aux usines Beell Brother's et Bolkow Vaughan, de Cleveland et à Kladno en Bohême avec un minerai contenant jusqu'à 20 à 23 % de silice, 10 à 11 % d'alumine, 37,5 à 39 % seulement de fer. Ces méthodes qui avaient d'ailleurs été vérifiées avec du carbonate grillé de Soumont ont prouvé leur efficacité depuis lors, et ne sont plus mises en doute par personne aujourd'hui.

Comme nous aurons l'occasion de le dire d'ailleurs à propos des établissements métallurgiques établis près de Caen, les minerais normands conviennent fort bien à la fabrication de la fonte de moulage, le traitement au four Martin des fontes phosphoreuses issues du minerai donne des produits aussi purs que la fonte hématite ; l'addition de craie phosphatée permet en outre le traitement aux convertisseurs Thomas.

ÉTUDE GÉOLOGIQUE

Suivant M. A. Bigot, doyen de la Faculté des Sciences de l'Université de Caen, les recherches des prospecteurs ont porté principalement sur les minerais sédimentaires des assises primaires et ordoviciennes, laissant de côté les gîtes de limonites de concentration jurassique, des roussards crétacés du tertiaire, des chapeaux de certains filons de quartz pyriteux qui ne se rencontrent guère que dans l'Orne. Si l'on excepte le gîte de Diélette, qui est tout entier dans le Dévonien et constitue par son âge géologique une exception dans le bassin normand, le minerai se trouve partout dans le silurien où il forme des couches localisées presque exclusivement à l'étage de l'ordovicien, dans les schistes à calymènes, soit près de leur contact avec les grès armoricains, soit à une distance de ceux-ci variable suivant les lieux, mais en général inférieure à une cinquantaine de mètres.

Le minerai possède une structure oolithique. C'est une hématite rouge $Fe_2éO_3$ anhydre ou du carbonate $(CO_3)_3 Fe_2$. Les dépôts semblent d'origine néritique ; on y trouve des fossiles marins donnant au minerai une grande teneur en phosphore. A la suite des remarquables travaux de M. Le Cayeux on admet qu'il s'est formé à l'origine des calcaires oolithiques qui se sont rassemblés au fond de la mer, des algues se trouvant emprisonnées dans la formation. De la sidérose s'est alors substituée au carbonate calcaire constituant les oolithes.

La sidérose a ensuite évolué vers l'hématite en passant par différents stades intermédiaires tels que la chlorite et la bavalite (silicate de fer). Actuellement on trouve dans la zone d'oxydation de l'hématite, parfois tout à fait à la surface de la limonite et en profondeur de la sidérose. La zone d'oxydation qui n'est généralement pas très importante a cependant atteint à Saint-Rémy, où l'exploitation a été faite sur une hauteur de plus de 126 mètres, une grande profondeur. En général l'hématite est épuisée et l'extraction ne porte plus guère que sur le carbonate.

Le gisement s'étend à la fois sur les trois départements de l'Orne, de la Manche et du Calvados, se prolongeant même jusque sous la mer. Le minerai affleure dans plusieurs synclinaux qui s'échelonnent du nord au sud, suivant la direction générale nord, nord-ouest-sud, sud-ouest, et viennent buter à l'ouest contre des terrains éruptifs ou précambriens s'enfonçant progressivement à l'est sous des assises jurassiques, cette disposition explique la découverte et la reconnaissance rapide de la partie occidentale, les recherches pénibles, les sondages difficiles et souvent infructueux, les longs tâtonnements à la suite desquels on a découvert tout récemment seulement le prolongement des couches sur de longues distances à l'Est. Beaucoup d'hypothèses d'ailleurs demandent encore à être vérifiées sur l'allure des gisements et de nombreuses régions.

Si d'une façon générale la couche semble moins puissante que dans le Bassin de Briey, le minerai normand est plus riche que le minerai lorrain ; sa teneur en fer varie en effet de 47 à 55 % pour l'hématite, elle atteint 50 % pour le carbonate grillé, tandis que celle du minerai de l'Est ne dépasse pas 42 %. La gangue, il est vrai, est nettement siliceuse (10 à 15 % de silice), ce qui déprécie un peu sa valeur, et moyennement phosphoreuse (0,6 à 0,8 % de phosphore).

Nous n'essaierons pas d'évaluer même approximativement les richesses du bassin normand dont les réserves se chiffrent par centaines de millions de tonnes et justifient une exploitation annuelle de plusieurs millions de tonnes. Il est d'ailleurs encore incomplètement exploré sur de vastes étendues et les recherches déjà effectuées dans les régions mieux connues et déjà exploitées n'ont été poussées que peu profondément. En nous plaçant tant au point de vue géographique qu'au point de vue de l'exploitation du minerai, nous distinguerons dans le bassin normand quatre régions correspondant chacune à un synclinal déterminé; celles de May, d'Urville, de Falaise et de la Ferrière-aux-Etangs, Domfront-Mortain.

Jean LAIRE,

Ingénieur civil de l'Ecole des Mines de Paris,
Diplômé de l'Ecole supérieure d'Electricité.

Extrait de la Revue « *l'Outillage* », Août 1923.

Les Mines de Fer de la Région Bas-Normande

La Basse-Normandie réunissait, avant la guerre, plusieurs conditions favorables à un large développement industriel et commercial : ses ressources en minerai étaient très abondantes ; ce minerai bien situé près de la mer, faisait de Caen un des ports français les mieux dotés sous le rapport du fret de retour. D'autre part, les exportations agricoles avaient accumulé dans le pays de grosses réserves de capitaux. La terre ne rapportait plus qu'un loyer modique ; elle était répartie entre de nombreux petits et moyens propriétaires, qui, tentés alors de vendre leurs propriétés, trouvaient facilement des acquéreurs. L'abondance et la facilité de circulation de ces capitaux pouvaient favoriser grandement les industries locales. Enfin, l'existence d'une main-d'œuvre exercée provenant des centres textiles et métallurgiques de la région pouvait favoriser la naissance de nouvelles industries.

Mais, en dépit de ces éléments, l'industrie normande avait longtemps végété. Il fallait en effet compter avec le caractère des normands, leur méfiance à l'égard de tout ce qui était nouveau ou étranger. Les Caennais avaient rejeté l'usine que voulait établir dans leur ville la Société d'Electro-Métallurgie. De même, plus tard, ils gardèrent inertes, pendant de longues années, les mines qu'ils avaient acquises. En même temps, ils ne voulaient pas qu'un Français du Nord ou de Paris, et à plus forte raison un étranger, pût être chez eux quelque chose, ni surtout qu'il possédât une parcelle de terre normande. Ils ne voulaient pas que fût introduite près de Caen la grosse main-d'œuvre étrangère ou coloniale, nécessaire à la constrution des usines ou à l'exploitation des mines. Ils ne voulaient pas qu'une nombreuse population ouvrière pût faire connaître à leur vieille cité tranquille les grèves et les manifestations. Enfin et surtout ils ne voulaient pas d'usines chez eux, parce qu'il n'y en avait jamais eu.

Aussi l'essor ne fut-il donné à l'industrie minière et métallurgique, ni par les Normands, ni même par les banquiers ou les industriels français, car ceux-ci, satisfaits des bénéfices que leur garantissait la production des usines de l'Est et du Nord, ne jugeaient pas utiles de troubler les Normands dans leur antique tranquillité et de s'attirer leur hostilité. Mais des charbonniers et des métallurgistes hollandais ou allemands, affamés de minerai, acquirent et exploitèrent certaines des mines de la région et furent amenés à envisager le traitement sur place d'une partie du minerai. Les capitalistes français, voyant alors que l'affaire était bonne, s'y introduisirent non sans peine ; et la guerre, en détruisant d'autres centres français de production, en accumulant les capitaux aux mains des industriels, et en permettant d'importer plus facilement la main-d'œuvre exotique, contribua à accélérer le mouvement qui fera revivre les anciennes industries de la Basse-Normandie à côté des vastes exploitations minières et métallurgiques qui s'y sont récemment créées.

LES MINES DE FER ET LES HAUTS-FOURNEAUX

1. — L'Emplacement des gîtes et les Exploitations anciennes

Les minerais de Basse-Normandie ont été exploités dès l'antiquité. Il semble que certains des gîtes alors utilisés étaient superficiels et de peu d'importance. En effet, les villages dont le nom conserve le souvenir de cette exploitation sont en général situés aux environs des mines actuelles, mais non à leur voisinage immédiat. Ce sont : au nord-est de Vire, la Ferrière-au-Doyen, la Ferrière-Duval, la Ferrière-Harang, non loin du bassin actuel de Jurques ; Ferrières et Bourberouge, dans la région de Mortain, où deux concessions étaient exploitées en 1914 ; la Ferrière-aux-Etangs, la Selle-la-Forge, Sept-Forges, Saint-Bomer-les-Forges, auprès des mines situées entre Flers et Domfront ; vers Alençon, Sées et la Ferté-Fresnel, où aucune mine n'est exploitée actuellement, se trouvent la Ferrière-aux-Etangs, la Ferrière-Bréchet, la Ferrière-Bochard, Ferrière-la-Verrerie, Forges ; et dans la région nord-est de l'Orne, également inactive, la Ferrière-au-Doyen, Glos-la-Ferrière, Marnefer.

Les minerais extraits étaient traités par les bois que fournissaient les forêts voisines. Les forges des environs de Balleroy, alimentées par la forêt de Cerisy, traitaient vraisemblablement les minerais de la région de Jurques ; celles du Mortainais utilisaient le bois de la forêt de la Lande-Pourrie. Dans l'Orne, les minerais de l'ouest étaient traités auprès de la forêt d'Andaine ; leur existence avait peut-être fait naître les clouteries et tréfileries qui s'étaient maintenues, jusqu'à la mise en exploitation des nouvelles mines, dans la région de Tinchebrai. Enfin, les mines du centre et du nord-est de l'Orne, situées auprès des forêts d'Ecouves, de Bonsmoulins, du Perche et de Saint-Evroult, expliquaient la création du haut-fourneau de Longny et des usines de Laigle.

Mais la concentration des usines, l'épuisement des gîtes de surface, et surtout la substitution du coke au bois dans la métallurgie, avaient amené le déclin des anciennes exploitations. Les forges de Balleroy s'étaient éteintes les dernières, au milieu du XIXe siècle. Seul subsistait le petit haut-fourneau de Longny. L'existence du minerai était toujours connue en Normandie, mais son exploitation paraissait trop onéreuse. D'ailleurs, les géologues locaux affirmèrent presque jusqu'à la guerre, qu'il n'y avait pas en Normandie de fer exploitable, et leur opinion fut longtemps celle des ingénieurs des mines parisiens.

Il semble qu'on puisse trouver le minerai dans presque tout le sol de la Normandie. Les principales mines actuellement concédées se trouvent dans quatre bassins : Saint-André, Ferrières, Falaise et Bagnoles-Mortain. En outre, le fer est exploité à Diélette dans une formation particulière, et a été reconnu en de nombreux points situés à l'est des concessions actuelles : vers Bretteville-sur-Laize, Saint-Pierre-sur-Dives et Morteaux-Coulibeuf au nord, et plus au sud vers Tourouvre et Longny. Au total, on estime le tonnage des minerais reconnus à un minimum de 180 millions de tonnes, et peut-être 700 millions. On présume que des recherches en profondeur permettraient de trouver le fer dans toute la région.

Tout le développement actuel n'a pu se produire que grâce au canal de Caen à la mer qui constitue le seul mode économique de transport possible. Bien avant la construction du canal (commencé en 1848, achevé en 1857), l'ingénieur des mines Héroult, qui en fut le principal promoteur, écrivait vers 1820 ces phrases citées par M. Lecornu dans son rapport au Congrès des Normands de Paris de 1913 : « Lorsque le canal de Caen à la mer sera achevé et si, par ce moyen et par l'effet de la diminution survenue dans le droit d'importation de la houille anglaise, on parvenait à se procurer dans ce pays du combustible minéral à un prix modéré, je pense qu'on pourrait s'en servir avec succès pour traiter le minerai d'Urville et en obtenir de la fonte douce.... En contruisant un haut-fourneau dans l'emplacement d'un des moulins qui se trouvent sur le bord de l'Orne, on serait à même de recevoir par eau la houille dont on aurait besoin et d'embarquer, presque sans frais, la fonte brute pour la conduire à destination ».

Ces phrases semblent le résumé du projet que Thyssen entreprit de réaliser en 1910. Mais ce développement ne put se produire que longtemps après l'achèvement du canal. En effet, beaucoup de minerais normands sont phosphoreux, et la fonte qu'ils donnaient était inutilisable avant l'invention du procédé Thomas. Il fallut même un perfectionnement à ce procédé pour permettre la remise en exploitation de la plupart des mines.

2. — Les premières Concessions

La première mine concédée fut en 1875, celle de Saint-Rémy, qui fournit un minerai assez pur. A ce moment, les métallurgistes français venaient d'être privés du fer lorrain et c'était l'époque de la découverte du procédé Thomas. L'exploitation s'y développa régulièrement. La production était de 49.284 tonnes en 1881. En 1904, elle était de 103.367 tonnes (dont 101.955 expédiées par le port de Caen, et 1.412 seulement vers le Nord) ; elle restait alors à peu près stationnaire : de 90.048 en 1906, elle passait à 110.894 en 1910, 106.500 en 1911 ; en 1913, par suite des grèves, elle tombait à 75.422 tonnes. L'expédition sur le Nord variait de 400 à 500 tonnes, le reste partait par Caen. Elle occupait, en 1913, 246 ouvriers ; elle appartenait à la Société civile des mines de Saint-Rémy, et restait en dehors de l'évolution des autres entreprises.

Quelques autres concessions étaient accordées jusque vers 1900, mais n'étaient pas poussées activement ; les capitalistes régionaux qui osaient s'en charger ne pouvaient faire les frais d'une grande exploitation, ni trouver de prêteurs qui eussent une confiance suffisante dans l'avenir de ces mines : Caen n'exportait encore, en 1891, que 89.590 tonnes de minerai.

3. — Le Développement brusque après 1900

Mais le fer manquait de plus en plus en Europe. En même temps on trouvait un procédé qui permettait de faire de bonne fonte avec les minerais normands, trop peu phosphoreux pour qu'on pût leur appliquer directement le procédé Thomas, et trop phosphoreux pour qu'on les ne purifiât pas : il suffisait d'y incorporer des phosphates de chaux ou des minerais très phosphoreux ; ceci explique pourquoi, depuis la mise en marche des hauts-fourneaux, Caen importe du minerai de fer.

Le mouvement s'accélère alors : Jurques, Bourberouge, Soumont, les mines de l'Orne, sont concédés entre 1900 et 1902. A ce moment commença l'intervention des étrangers, qui continue pendant que sont accordées les autres concessions. Au total, en 1913, 21 mines étaient concédées : Saint-André, May, Maltot, Bully, Saint-Rémy, Estrée-la-Campagne, Urville, Gouvix, Soumont, Perrières, Jurques, Montpinçon, Mont-en-Gérôme, Barbery, Halouze, Larchamp, La Ferrière-aux-Etangs, Diélette, Mortain, Bourberouge, Ondefontaine, sur lesquelles 12 étaient exploitées : Saint-André, May, Saint-Rémy, Soumont, Jurques, Barbery, Halouze, Larchamp, La Ferrière, Diélette, Mortain, Bourberouge.

La mine de La Ferrière-aux-Etangs appartenait à la Société de Denain et Anzin. Elle envoyait en 1904, 44.000 tonnes au Nord ; en 1906, 63.230 ; en 1910, 86.990 ; en 1913, 99.620 au Nord, et 22.030 à Caen, soit au total : 121.650 tonnes

La mine d'Halouze était exploitée par la Société des Aciéries de France ; elle fournissait en 1909, 100.000 tonnes ; en 1910, 109.000 ; en 1911, 134.000 ; en 1913, 144.000 ; une partie de ce minerai était expédiée par Caen à l'étranger, mais la plus grande part était envoyée par voie de fer aux usines du Nord. A cet effet, les lignes de l'Etat avaient été doublées, et des raccordements établis qui permettaient aux trains de minerai d'aller sans rebroussement de la gare du Châtelier aux usines du Nord.

La mine de Larchamp appartenait à la Société des mines de Larchamp, également française ; sa production passaait de 10.400 tonnes en 1909 à 100.000 en 1913. La gare du Châtelier, qui desservait Larchamp et Halouze, expédiait au port de Caen 616 tonnes en 1906, 65.160 en 1910, 132.948 en 1913, et au réseau du Nord, 1.094 en 1906, 82.530 en 1910, 98.031 en 1913.

Le gisement où se trouvent ces trois mines semble se prolonger à l'Ouest jusque vers Brécey.

La mine de May-sur-Orne, qui appartient à la Société Française de Mines et Produits chimiques, produisait en 1904, 44.400 tonnes ; en 1906, 75.000 ; en 1910, 46.651, et en 1913, 94.153, qui étaient entièrement expédiées par Caen ; elle occupait, en 1913, 180 ouvriers. Sa formation était suivie jusque vers Saint-Pierre-sur-Dives.

Les mines de Gouvix, Montpinçon, Mont-en-Gérôme, appartenaient à la Société des Mines et Forges de Normandie, qui se bornait, sans les exploiter, à chercher un acquéreur ; elle ne le trouva que pendant la guerre. La concession d'Estrées-la-Campagne venait d'être acquise par la Société des Usines Métallurgiques de la Basse-Loire, et n'était pas encore exploitée.

Les autres mines appartenaient à des sociétés composées pour partie d'éléments étrangers.

La mine de Barbery appartenait à la Société des Mines de fer de Barbery, dans laquelle la Société allemande « Gutehoffnungshutte » d'Oberhausen, possédait une participation. Sa production n'était que de 17.000 tonnes en 1913. Son développement était d'ailleurs entravé par les difficultés de transport, la ligne des Chemins de Fer du Calvados qui la desservait ne pouvant transporter de grosses quantités de minerai ; elle utilisait en 1913, 150 ouvriers. Son gisement était suivi jusque vers Balleroy.

Les concessions de Jurques, Ondefontaine, Bourberouge, et Mortain, étaient passées entre les mains de la Société Française des Mines de fer. Plus des trois quarts des actions de cette Société étaient propriété d'un armateur de Rotterdam, M. de Poorter; les minerais étaient importés à Rotterdam, et de là réexpédiés sur les usines allemandes de Westphalie.

La mine de Jurques, concédée en 1895, fut amodiée en 1900 à la Société de Denain et Anzin, qui, après quelques tentatives infructueuses d'exploitation, la céda en 1907 à M. de Poorter, avant que fut créée la Société Française des Mines de Fer. Sa production était en 1910 de 8.972 tonnes et en 1913 de 40.671, expédiées par Caen ; elle occupait alors 120 ouvriers ; les travaux y avaient été activement poussés depuis que M. de Poorter l'avait acquise.

La mine d'Ondefontaine avait été acquise en 1910 ; la Société attendait, pour en commencer l'exploitation, que les autres concessions fussent en pleine activité (rapport du Conseil d'Administration de 1911) ; le capital immobilisé par l'achat était d'ailleurs faible.

La mine de Mortain venait d'être mise en exploitation et avait produit en 1913, 7.366 tonnes, expédiées à Caen. L'installation en était prévue pour une extraction annuelle de 250.000 tonnes.

La mine de Bourberouge, concédée en 1902, fut ultérieurement amodiée au groupe de Poorter; elle envoyait à Caen 3.520 tonnes en 1911, 3.928 en 1913. On y prévoyait pour 1915, une production de 40.000 tonnes. Le gisement de Bourberouge-Mortain avait été suivi, par la Ferté-Macé et Bagnoles, jusque vers Sées, et retrouvé plus loin à Longny et Tourouvre.

Ces deux dernières mines devaient expédier leur production soit par Caen, soit par Saint-Malo ; le port de Granville, situé plus près et qui aurait permis d'économiser 0 fr. 50 par tonne sur le transport n'était pas outillé pour la manutention de grosses quantités de minerais. Aussi M. de Poorter avait offert à la municipalité de Granville d'y établir un port mieux outillé, pourvu qu'on lui en amodiât les services.

La Société des Mines de Fer avait cédé d'avance une partie de sa production aux métallurgistes allemands ; elle avait passé avec le groupe Thyssen un contrat de 100.000 tonnes par an, à prendre à Jurques, et avait reçu de la maison Krupp une offre de 200.000 tonnes par an, à Bourberouge, à laquelle elle ne voulait pas répondre avant que fût résolue la question du port de Granville. D'autre part, le groupe de M. Hugo Stinnes proposait à M. de Poorter de prendre le minerai par moitié avec lui, et d'établir sur place une usine au capital de 40 millions.

Les mines de Saint-André, Maltot et Bully appartenaient à trois sociétés dans lesquelles prédominaient les entreprises allemandes Phœnix, Hasper, Hœsch (de Bochum), et Aumetz-Friede. Celle de Saint-André, la seule en exploitation, avait été concédée en 1893, à un groupe de capitalistes caennais ; ils la cédèrent en 1911 à la Société des mines de Saint-André, dans laquelle ils reçurent des actions d'apport, mais qui était en fait dirigée par les maisons allemandes ; elle produisait 23.184 tonnes en 1904, 26.123 en 1906, 30,023 en 1910, et en 1913, 79.625, expédiées par Caen ; elle faisait alors travailler 187 ouvriers

Enfin les mines de Soumont, Perrières et Diélette étaient entre les mains du groupe Thyssen et leur histoire se rattache à celle des hauts-fourneaux de Caen.

La production totale du minerai passait de 200.000 tonnes en 1905 à 378.550 en 1909, 538.900 en 1910, 665.400 en 1911, 827.500 en 1912, et dépassait en 1913, un million de tonnes, La presque totalité en était expédiée par Caen ou vers le Nord. Quelques milliers de tonnes seulement passaient par Saint-Malo. Les exportations vers le Nord atteignaient en 1911, 446.000 tonnes.

Le minerai expédié par Caen était destiné à l'Angleterre, et surtout à l'Allemagne, où il arrivait en quantités grandissantes par Rotterdam et les ports allemands. Les sorties de minerai de Caen se répartissaient ainsi, suivant leur destination :

	ANGLETERRE (Middlesborough, Swansea, Ardrossan, Grangemouth)	ALLEMAGNE (Emdem, Lübeck)	HOLLANDE (Rotterdam)	TOTAL
	Tonnes	Tonnes	Tonnes	Tonnes
1907.......	95.770	0	153.489	249.259
1908.......	66.036	11.527	136.483	214.046
1909.......	75.894	5.893	148.103	229.890
1910.......	83.180	11.920	211.304	306.404
1911.......	95.677	27.163	225.410	348.250
1912.......	75.872	32.701	341.322	450.895
1913.......	136.109	50.562	303.012	489.685
Cinq premiers mois de 1914.......	41.812	44.318	172.814	264.944 (malgré une perte de 30.000 t. à St-Rémy)

4. — Les Entreprises de Thyssen

L'acquisition de mines et l'édification d'usines par Thyssen, alors qu'en général ses confrères allemands se contentaient d'acheter le minerai aux exploitants français ou hollandais, s'expliquent par l'étude de la situation faite en Allemagne même à Thyssen, aux propriétaires de houillières.

Les charbonniers allemands du bassin de la Ruhr et de Westphalie étaient groupés en un Syndicat, le Rheinische-Westfalische-Kohlen-Syndikat, qui pour maintenir les prix, déterminait strictement les quantités que devait produire chaque mine adhérente, et fixait une taxe à payer au Syndicat (umlage) pour toute tonne vendue au-delà de la production autorisée. Toutefois, étaient dispensés de l'umlage les charbonniers vendant leur houille à des sociétés minières ou métallurgiques où ils possédaient une participation. Les houillières ainsi liées à des hauts-fourneaux étaient dites « mines de forge ».

Thyssen, intéressé dans de nombreuses entreprises métallurgiques, profitait de cette disposition pour extraire une quantité de houille supérieure à celle qui lui était normalement allouée. C'est ainsi que la production d'une de ces houillières, la Deutsche Kaiser, passait de 3.048.000 tonnes en 1908 à 4.348.000 en 1913 et la production de coke de 1.054.000 tonnes en 1909 à 1.300.000 en 1912.

Cet artifice, grâce auquel Thyssen écoulait sans charge supplémentaire sa production augmentée, et provoquait ainsi l'avilissement des prix, amenait le Syndicat rhénanwestphalien à définir la consommation propre des mines de forge comme la consommation des usines où 99 % des actions en Allemagne et 75 % à l'étranger appartenaient au propriétaire de la mine. Il s'agissait alors pour Thyssen de remplir ces conditions. Il lui était difficile d'acquérir 99 % des actions d'une usine allemande et difficile aussi, car il manquait de capitaux, d'établir en Allemagne, par ses seuls moyens, une usine nouvelle. Il estima alors préférable d'établir à l'étranger des hauts-fourneaux où il n'aurait à fournir que 75 % des capitaux, et qui achèteraient à ses houillières le charbon nécessaire, sans que lui-même eût à subir l'umlage.

Le bassin normand était alors tout désigné pour la construction d'une usine, qui pourrait recevoir par mer le charbon de Thyssen, se trouverait près du minerai et au voisinage des calcaires de la région caennaise, qui fournirait sur place la castine nécessaire au lit de fusion. Ces circonstances permettent seules d'expliquer pourquoi les Hauts-Fourneaux de Caen se trouvaient auprès du minerai, situation anormale, car, la quantité de houille consommée étant plus considérable que celle du minerai, il est plus avantageux d'amener le minerai à la houille, que la houille au minerai : Thyssen créait les hauts-fourneaux, non pour traiter le minerai normand, mais pour placer sa houille allemande. Il comptait d'ailleurs compenser l'importation de ces hauts-fourneaux, où il placerait son excédent de houille, par une exportation croissante de minerai. Il était alors amené, pour assurer l'avenir, à essayer d'acquérir des mines pouvant fournir tout à la fois le minerai nécessaire aux hauts-fourneaux et le fret de retour pour les navires qui apporteraient son charbon : son projet primitif comportait, avec un apport à Caen de 1.200.000 tonnes de coke, la production de 900.000 tonnes de fonte, au moyen de 1.800.000 tonnes de minerai environ ; il lui fallait, en outre, 1.200.000 tonnes de minerai à exporter pour le retour des navires charbonniers. Il était ainsi conduit à se réserver une production annuelle de 3 millions de tonnes de minerai, dont la plus grande partie produite par des mines lui appartenant et le reste assuré par des contrats passés avec les autres exploitants.

Mais il fallait pour cela à Thyssen un associé qui apportât les 25 % supplémentaires du capital, et lui facilitât en outre l'obtention des autorisations nécessaires. Il était en effet à prévoir que l'installation en France d'une grande entreprise allemande rencontrerait une forte opposition, et il convenait que Thyssen se ménageât un appui pour réaliser ses projets.

Thyssen s'occupa d'abord du minerai ; craignant sans doute une production insuffisante en Allemagne, il était intervenu en Normandie dès 1903 ; la mine de Perrières, concédée le 9 Août 1901 à un ingénieur français, fut cédée par celui-ci, le 21 Octobre 1903, à la Société Minière et Métallurgique du Calvados, moyennant 400 actions d'apports de 500 francs. Sur les 2.000 actions de numéraire, 1.900 étaient souscrites au nom de la Société Générale pour favoriser le développement du commerce et de l'industrie en France qui, semble-t-il, servait d'intermédiaire à Thyssen, car sur les trois membres du Conseil d'Administration, deux, MM. Horten et Rabes étaient des ingénieurs lorrains-allemands en rapports étroits avec les entreprises Thyssen. Tranquillisé alors quant à l'approvisionnement éventuel de ses usines allemandes, Thyssen ne commença pas l'exploitation de Perrières, qui fut gardée en réserve jusqu'en 1914.

Mais, lorsqu'il eut conçu le projet des hauts-fourneaux normands, il chercha à s'assurer de nouveaux minerais. La première mine acquise alors fut celle de Soumont.

Soumont avait été concédée, le 13 Décembre 1902, à quatre spécialistes caennais, qui bientôt ne se jugèrent pas les moyens suffisants pour l'exploiter rationnellement. Ils cherchèrent d'abord à la vendre à des métallurgistes français, comme le montrent ces lettres écrites par l'un d'eux au *Moniteur du Calvados* le 23 Juin 1910 : « Je n'ai pas cédé la mine de Soumont, mais apporté simplement ma part avec obligation de souscrire un chiffre d'actions dont j'ai versé le montant à la succursale du Crédit Lyonnais... Je ne me suis décidé à cette solution qu'après une série de démarches infructueuses auprès de la plupart des sociétés métallurgiques de France, qui se désintéressèrent de cette affaire », et le 29 Juin suivant : « Ce n'est qu'au refus des capitalistes français que les Allemands ont pu entrer dans cette affaire ».

C'est à ce moment que Thyssen se présenta, l'affaire fut menée rapidement : les propriétaires caennais avaient consenti à un groupe belge intermédiaire une option de 6 mois, et 3 mois avant l'expiration de cette option, Thyssen se présentait. Le 26 Mars 1907 était créée la Société des Mines de Soumont, au capital de 4.000 actions de 500 francs, dont 1.000 aux apporteurs, 1.000 souscrites par un négociant anversois et 1.000 par l'ingénieur messin Horten. Parmi les six membres du conseil d'administration se trouvaient MM. Horten et Rabes. La production de Soumont atteignait 7.948 tonnes en 1908, 24.934 en 1909, 35.643 en 1911, 70.000 en 1913 ; elle occupait alors 475 ouvriers. On comptait pouvoir porter à 2 millions de tonnes la production des deux mines de Soumont et Perrières, lorsque les moyens de transport seraient suffisants.

Enfin le 27 Mars 1909, la Société des Mines et Carrières de Flamanville se constituait pour l'exploitation de la mine de Diélette. Diélette est une mine unique en France par sa position : les filons en sont, en effet, inclinés vers la mer, en sorte que l'exploitation, commencée à terre, en devint bientôt sous-marine. Cette situation entraînait naturellement de grosses dificultés d'extraction, d'autant plus que le port de Diélette était inaccessible la plus grande partie de l'année et ne pouvait le reste du temps suffire à un gros trafic. Aussi la mine concédée en 1865 à M. Bérard, était-elle passée successivement entre les mains de la Société des Mines de fer, puis de la Société des Mines de la Manche, puis d'une Société Anglaise, avec de longues interruptions dans l'exploitation. Elle fut enfin vendue aux enchères, moyennant 20.000 francs, et cédée presque aussitôt par l'acquéreur à la Société des Mines et Carrières de Flamanville, moyennant 620 actions d'apport de 500 francs. Parmi les souscripteurs des 100 actions de numéraire se trouvaient MM. Horten et Rabes. Bien que Thyssen ne figurât pas parmi les actionnaires initiaux, la mine était nettement sous son influence ; parmi les 4 administrateurs se trouvaient MM. Horten et Fritz Thyssen, et M. Rabes était commissaire. Des travaux d'aménagement sérieux furent alors entrepris : construction de puits d'extraction parfaitement étanches, et d'un port en eau profonde, accessible par tous les temps, relié à la mine par un transbordeur aérien. Les dépenses faites pour l'aménagement de cette mine étaient estimées à 25 millions et l'exploitation commençait en 1914.

Pour toutes ces acquisitions, Thyssen n'avait eu aucune autorisation à demander au gouvernement français. Néanmoins, il avait déjà tenté de s'assurer des appuis en faisant intervenir dans l'une des Sociétés minières la Société Générale, dans une autre le Crédit-Lyonnais, et en introduisant dans les conseils d'administration des trois mines un ingénieur parisien en rapport avec les principaux métallurgistes français.

En 1909, Thyssen s'occupa de l'établissement de l'usine près de Caen. Il choisit comme associé la Société Française de Constructions

Mécaniques (Anciens Etablissements Cail) et demanda au président de son conseil d'administration, M. Le Châtelier, une entrevue qui eut lieu à Mulheim en Avril 1909. M. Le Châtelier chercha à augmenter la part française dans l'affaire ; Thyssen ne pouvait lui accorder que 25 % des actions. Le 21 Mars 1910, fut fondée la Société des Hauts-Fourneaux de Caen au capital de 500.000 francs. Cette Société passa immédiatement avec la Société des mines de Soumont des contrats de minerai devant entrer en vigueur dès la mise en marche de l'usine projetée. Sur les 1.000 actions de la Société, 650 appartenaient à M. Thyssen et à ses fils, 50 à M. Rabes, 50 à M. Dahl, ingénieur à Brückhausen et 200 à la Société Française de Constructions Mécaniques et à M. Le Châtelier.

Les grandes lignes de l'entreprise furent fixées sur les bases suivantes : on créerait près de Caen une grande usine métallurgique, pourvue d'un port privé, et prévue pour un minimum de 300.000 tonnes de fonte, et éventuellement 600.000 ; il y avait là par rapport au projet primitif une diminution qui s'expliquait vraisemblablement par un manque de capitaux chez Thyssen ; le Société des Hauts-Fourneaux acquerrait 60 % des actions de Soumont. Enfin, il serait construit un chemin de fer minier reliant Soumont aux Hauts-Fourneaux à créer.

L'emplacement de ceux-ci fut quelque peu difficile à trouver. On entreprit d'abord des travaux entre l'Orne et le canal de Caen à la mer, car il semblait que c'était ainsi que le port privé serait le plus facile à établir ; mais le terrain marécageux se montra incapable de supporter les bâtiments, et il fallut établir l'usine sur le plateau de la rive droite de l'Orne, où elle fontionne actuellement. Cela devait augmenter quelque peu les frais d'embarquement ; mais ce n'était pas là la principale difficulté.

La question essentielle était celle du transport du minerai. En effet, les mines de Soumont et Perrières n'étaient desservies que par la ligne à voie étroite des chemins de fer du Calvados, de Caen à Falaise, qui fonctionnait assez mal, et était incapable d'assurer un trafic journalier de plus de 1.000 tonnes, y compris toutes les marchandises qu'elle avait à transporter en dehors du minerai. Il ne fallait pas songer à utiliser les minerais de Soumont tant qu'une autre solution ne serait par trouvée et réalisée.

Aussi, le premier acte de la Société des Hauts-Fourneaux fut-il de déposer, le 4 Juin 1910, l'avant-projet et la demande d'autorisation du chemin de fer minier. Elle déclarait vouloir construire un chemin de fer électrique à voie normale qui desservirait sur simple demande toutes autres sociétés créées ou à créer, et ceci aux tarifs fixés par le ministre conformément aux tarifs des chemins de fer.

Ce fut alors que les difficultés commencèrent. En effet, l'entreprise devait avoir de nombreux ennemis, qui n'avaient pu empêcher Thyssen d'acheter leurs mines aux propriétaires qui voulaient les vendre, mais qui pouvaient s'opposer à ce que fût accordée l'autorisation nécessaire à la construction du chemin de fer.

Parmi ces adversaires, celui dont l'intervention s'expliquait le mieux — et qui fut le moins gênant — était la Société des Chemins de Fer du Calvados. Elle prétendait, non sans raison, que la concession qui lui avait été accordée équivalait à un monopole ; l'autorisation d'établir une ligne qui eût détourné une grosse partie du trafic lésait ses droits, et elle offrit, mollement il est vrai, d'améliorer sa ligne pour y permettre le transport du minerai. En fait, cette question fut vite réglée : la Société des Hauts-Fourneaux offrit de réserver aux C. F. C., jusqu'à concurrence de 350.000 tonnes, 25 % du trafic, en garantissant un minimum de 50.000 tonnes, et stipulait une pénalité de 0 fr. 35 par tonne de minerai qu'elle détournerait sur ces 25 %. Les C. F. C. se trouvaient ainsi assurés de percevoir des recettes sérieuses et acceptèrent la transaction, par une convention du 28 Mars 1911 et un avenant du 30 Mai 1911 ; ils eussent d'ailleurs été fort embarrassés, s'ils avaient dû se préparer à transporter 2 millions de tonnes par an.

Il y avait d'autres intérêts, moins facilement explicables, qui retardèrent longtemps la solution : d'abord les partis d'opposition, qui profitèrent de l'occasion pour dénoncer l'emprise allemande en France et affirmèrent que les Allemands s'installaient à Cherbourg et Diélette pour préparer un débarquement dans le Cotentin et à Caen pour s'infiltrer pacifiquement en Normandie ; la question fut même portée à la Chambre. La polémique à ce sujet était d'autant plus violente qu'il s'y mêlait des questions électorales locales.

Il y avait aussi les partis gouvernementaux qui ne voulaient pas paraître, moins que leurs adversaires, soucieux de la défense nationale, et craignaient l'arrivée dans le Calvados de groupes compacts d'ouvriers socialistes, qui pourraient créer de nouvelles majorités et, avec ces partis, les paisibles Caennais qui redoutaient l'émeute, les cortèges promenant le drapeau rouge, le pillage et l'anarchie.

Enfin, M. Merrheim affirmait, dans la *Bataille Syndicaliste* du 4 Janvier 1913, que le Comité des Forges, comme en Anjou, s'opposait à l'exploitation des mines de Normandie, pour que celles de l'Est n'eussent pas à subir de concurrence.

Le résultat de tous ces efforts était que les ministères hésitaient, et que, pour fournir à cette hésitation un motif, le conseil général du Calvados attendait longtemps avant de formuler son avis sur la question.

Mais de son côté, Thyssen avait des partisans, dont quelques-uns imprévus : il y avait parmi ceux-ci les socialistes, parce qu'ils espéraient diminuer ainsi les bénéfices des industriels du Nord et de Lorraine, et s'assurer dans la région des électeurs.

Il y avait aussi l'évêché de Bayeux, dont le journal demandait qu'on hâtât la chose, décrivait la vie idyllique des travailleurs qui avaient commencé les terrassements des Hauts-Fourneaux, et se félicitait de ce que l'arrivée d'un fort contingent d'ouvriers espagnols et italiens ranimât dans le Calvados la pratique du culte et donnât aux masses ouvrières l'exemple de l'ordre et de la discipline.

Il y avait — et ceci est plus important — la Chambre de Commerce de Caen ; celle-ci, composée surtout de négociants et d'armateurs, considérait que la création près de Caen d'un grand centre industriel et l'accroissement du trafic du port, devant entraîner son amélioration, profiteraient à tout le commerce local et entraîneraient vraisemblablement la renaissance des industries en décadence. Aussi, s'était-elle, dès le premier jour, prononcée nettement en faveur du projet Thyssen ; et, malgré l'opposition presque unanime des journaux locaux, elle définissait, dès 1910, son point de vue en ces termes : « Quand nos capitalistes verront le succès de l'entreprise minière actuelle, ils n'auront plus peur. Ce que les autres font, ils pourront le faire à leur tour... Mais, pour atteindre ce résultat... il ne faut pas éloigner et décourager l'exploitation intensive de nos mines comme elle est projetée. L'avenir de notre port, la richesse de notre ville et aussi l'avenir de notre département sont en jeu, et nous avons tout à gagner en favorisant une industrie nouvelle qui s'implante chez nous, quelle que soit l'origine de ses capitaux ». Son secrétaire, M. Devaux, affirmait plus nettement encore qu'il fallait permettre à Thyssen d'exploiter les mines dont s'étaient désintéressés les industriels français. Il considérait d'ailleurs que les métallurgistes de l'Est et du Nord pourraient prendre leur part de l'affaire et que l'intervention de Thyssen leur aurait en quelque sorte servi d'appât. Il déclarait : « L'avenir des villes repose aujourd'hui sur l'importance de leur industrie. Favorisons cet essor industriel chez nous.

Ne mettons aucune barrière pour empêcher l'arrivée de capitaux qui apporteront dans notre région une augmentation de main-d'œuvre et de travail. Cette manière de voir nous semble d'autant plus légitime, à nous commerçants et industriels dont les efforts constants ont contribué à doubler le mouvement du port de Caen, que nous savons que les grosses industries de l'Est ne sont pas dépourvues de minerai, puisque toutes ont leurs concessions en pleine activité et que certaines possèdent, dans notre région, des concessions qu'elles n'exploitent pas. Par conséquent la mise en valeur par un capital quelconque, des mines jusqu'alors improductives, ne nuit en rien à nos industriels et ne peut qu'être profitable à notre pays... On peut espérer que les capitalistes (français) sauront d'ici peu se ressaisir et reprendre intégralement une place dont ils n'ont été trop souvent dépossédés que par leur faute ».

Enfin, les grandes banques qui étaient intervenues dans la constitution des différentes sociétés en rapport avec Thyssen faisaient naturellement tous leurs efforts pour que ces entreprises n'eussent pas été créées en vain.

Entre ces deux tendances, les ministères hésitèrent près de deux ans. Cependant la commission d'enquête émettait le 23 Septembre 1910, un avis favorable, sous réserve des droits du département et des Chemins de Fer du Calvados. La Société des Hauts-Fourneaux concluait alors sa convention avec les C. F. C. Le Conseil des Mines et le Conseil d'Etat, dans des délibérations des 21 Juin et 29 Octobre 1911, se montraient aussi favorables au projet. Pour essayer de franciser l'entreprise, M. Le Châtelier acquérait 60 % des actions de Soumont.

En même temps, on s'inquiétait à Caen : on apprenait qu'une Société métallurgique avait acquis à Rouen un terrain où elle comptait établir des hauts-fourneaux produisant 400.000 tonnes par an, et on craignait que l'usine de Caen ne fonctionnât trop tard. On craignait aussi que Thyssen ne renonçât à l'affaire, qui risquait alors d'être définitivement arrêtée, et la Chambre de Commerce émettait le 4 Mai 1911, le vœu suivant : « La Chambre de Commerce de Caen, estimant que la remise à une session extraordinaire du Conseil général de l'étude de la question du chemin de fer minier compromet la campagne des travaux de 1911 et pourrait avoir pour conséquence l'abandon par les promoteurs de l'installation projetée de hauts-fourneaux et d'usines près Caen, demande que des démarches instantes soient faites auprès de M. le Ministre des Travaux Publics et du Conseil d'Etat pour que l'examen du dossier soit commencé, afin que la décision relative à la demande de concession soit prise le plus tôt possible, et charge son président de faire toute démarche utile à cet effet ».

Le conseil général, ainsi pressé, émettait enfin dans sa session de Juillet 1911, un vœu favorable. Le Ministre des Travaux Publics commençait alors à céder, et le 1er Novembre 1911 autorisait la Société des Mines de Soumont à procéder aux études sur le terrain pour le tracé définitif du minier.

Les négociations se poursuivaient encore à l'intérieur de la Société. On y arrivait enfin, le 27 Janvier 1912, à un accord entre Thyssen, Soumont et les Hauts-Fourneaux ; les Hauts-Fourneaux et Thyssen s'obligeaient réciproquement à fournir et acheter 400.000 tonnes de minerai grillé par an à bord de navire dans le port privé, et Thyssen s'obligeait à fournir 400.000 tonnes de charbon par an.

M. Le Châtelier portait cet accord à la connaissance du Ministre des Travaux Publics par deux lettres des 4 et 15 Mars 1912 et donnait les précisions suivantes : il serait constitué définitivement 3 sociétés : 1° une Société Métallurgique au capital de 30 millions actions et 30 millions obligations ; 12 millions d'actions au maximum appartiendraient à Thyssen ; le reste serait fourni par les établissements Cail et par un groupe de financiers français à la tête duquel se trouvait le Comptoir d'Escompte; 52 % des souscripteurs français s'engageaient à conserver leurs actions jusqu'à fin 1913 ;

2° Une Société au capital actions de 3 millions pour l'établissement du port privé ;

3° Une Société minière au capital de 3 millions actions et 12 millions obligations ;

Le capital actions de ces deux sociétés serait fourni par la Société Métallurgique. En outre, au moins quatre administrateurs sur sept seraient français dans chaque société. Le but de la Société Métallurgique était de traiter par an dans ses hauts-fourneaux 600.000 tonnes de minerai au moyen de 400.000 tonnes de coke importées d'Allemagne et en retour desquelles elle enverrait 400.000 tonnes de minerai.

Le gouvernement, jugeant ces garanties suffisantes, rendait, enfin, le 3 Avril 1912, un décret dont les principales dispositions étaient les suivantes :

« ..... Vu les dispositions des lettres des 4 et 15 Mars 1912 adressées par la Société demanderesse (des mines de Soumont) au Ministre des Travaux Publics conjointement avec la Société Minière et Métallurgique du Calvados et la Société des Hauts-Fourneaux de Caen.....

ARTICLE PREMIER — Est déclaré d'utilité publique l'établissement du chemin de fer destiné à relier les mines de Soumont et Perrières à des hauts-fourneaux à établir à Colombelles. Ce chemin de fer pourra être raccordé à la gare de Chemins de Fer de l'Etat à Caen et au port de Caen.

ARTICLE 2. — La Société des Mines de Soumont est autorisée à construire le chemin de fer dont il s'agit à ses frais, périls et risques.

ARTICLE 3. — Sous peine de déchéance, le Président et la majorité des membres du Conseil d'Administration, ainsi que tout le personnel de l'exploitation des chemins de fer, seront de nationalité française. La déchéance sera également encourue si les obligations qui résultent tant du cahier des charges que des lettres susvisées en date des 4 et 15 mars 1912 ne sont pas remplies, ou si le chemin de fer cesse d'être affecté à la destination prévue à l'article premier ».

La Société des Hauts-Fourneaux de Caen se transforma alors en Société des Hauts-Fourneaux et Aciéries de Caen (H. F. A. C.) au capital primitif de 30 millions actions et 30 millions obligations. 11 millions d'actions étaient souscrits par Thyssen, 11 millions par les Etablissements Cail et 8 millions par deux groupes financiers ayant à leur tête le Comptoir d'Escompte et une banque parisienne. Le Comptoir d'Escompte se chargeait de l'émission des obligations. Six administrateurs sur neuf étaient français.

Il semblait donc que l'affaire était francisée. Cela fut cependant discuté longtemps encore et non sans raison.

Les Etablissements Cail, pour augmenter leur indépendance, avaient été amenés à créer des fonderies, puis à se rendre producteurs de fonte ; mais ils ne pouvaient se charger seuls de l'établissement de hauts-fourneaux et un rapport présenté le 7 Mai 1912 indiquait que les hauts-fourneaux de Caen leur permettraient de devenir « participants dans une usine métallurgique », ce qu'ils cherchaient. Ils prétendaient avoir acquis, par la convention du 27 Janvier, la direction des Mines de Soumont et Perrières, de l'usine métallurgique et du port à construire. En outre, et cela était plus apparent, ils avaient reçu la commande du matériel à fournir aux Hauts-Fourneaux et au chemin de fer minier.

De son côté, Thyssen s'assurait, par an, l'achat de 400.000 tonnes de minerai et la vente de 400.000 tonnes de coke qu'il espérait vraisemblablement soustraire à l'umlage. De plus, il n'avait pas, comme il aurait pu le craindre primitivement, à fournir la totalité des capitaux nécessaires ; manquant vraisemblablement de capitaux, il avait été amené à réduire de 900.000 à 600.000, puis à 300.000 tonnes la production prévue pour les futurs hauts-fourneaux; il croyait aussi peut-être avoir malgré les apparences, la majorité des actions dans l'affaire

En fait, sur 120.000 actions, Thyssen en avait incontestablement 44.000 et les Etablissements Cail 43.800. Quand aux 32.800 autres, elles étaient réparties entre 114 souscripteurs de qui dépendait la constitution de la majorité aux assemblées ; et le plus grand nombre de ces actions appartenaient à des banquiers en rapports très étroits avec des banques allemandes. On ne pouvait alors trop savoir entre les mains de qui se trouvait la majorité effective.

Cependant, la campagne commencée se poursuivait à Paris et en Normandie. On accusait la nouvelle Société d'introduire dans la région une masse de travailleurs étrangers et surtout allemands. Le 20 Décembre 1912, un député du Calvados demandait au Ministre : « 1º les noms et nationalités des détenteurs effectifs des mines de fer de l'Orne, du Calvados et de la Manche ; 2º le nombre d'étrangers employés dans ces mines et leur nationalité dans chaque concession ; 3º le chiffre des naturalisations qui ont pu être accordées sur le territoire desdites concessions ». Le 4 Janvier 1913, un autre député demandait « quelles mesures le Gouvernement comptait prendre ou proposer aux Chambres pour assurer la sauvegarde des richesses minières normandes dans l'intérêt de la nation ». En réponse à la première demande, le Ministère faisait publier une statistique optimiste et, quant à la deuxième, il affirmait assez vaguement « qu'il étudiait les mesures à prendre pour que les richesses minières du Calvados soient exploitées de la manière la plus profitable aux intérêts généraux de la nation, » et que « le Gouvernement aurait pour principal souci, dans l'octroi des futures concessions, d'assurer la sauvegarde des intérêts généraux de la nation ».

En même temps, en 1913, le conseil général du Calvados semblait revenir sur ses dispositions favorables. Les métallurgistes français s'occupaient à leur tour de la question : les sociétés d'Homécourt, de Micheville et de Pont-à-Mousson, demandaient, par l'intermédiaire de la société Paixhans, une concession minière en forêt de Cinglais. La Société des H. F. A. C., répondait, par une note adressée le 29 Mai 1914 au Ministre des Travaux Publics, en affirmant la supériorité de ses droits dans cette région et en réclamant pour son compte la même concession. M. Le Châtelier multipliait ses articles en faveur de l'usine projetée, et la Chambre de Commerce de Caen déclarait que le chemin de fer minier permettrait la remise en exploitation des minerais pauvres d'Urville, Gouvix, Estrées-la-Campagne.

Les travaux du minier et des hauts-fourneaux se poursuivaient ; on comptait faire entrer l'usine en activité dès 1915 et atteindre en 1916 le fonctionnement normal. C'était par là qu'on arrivait silencieusement à éliminer Thyssen et à réaliser ainsi, dans leur esprit, les dispositions contenues dans l'accord du 27 Janvier et les lettres des 4 et 15 Mars, et dont on pouvait craindre que la forme seule n'eût été respectée dans les premiers temps.

En effet, les dépenses d'établissement excédaient les sommes prévues : elles atteignaient, en 1914, 40 millions, et l'usine était loin d'être achevée ; les Hauts-Fourneaux se voyaient obligés de faire des appels de fonds, et Thyssen, ne disposant pas d'abondants capitaux liquides, se trouvait ainsi obligé de céder une partie de ses actions pour verser le montant du reste. Sa part était réduite à 25 % au lieu des 37 % primitifs, et dans une assemblée qui devait être tenue en Août 1914, on prévoyait qu'il devrait se retirer complètement de l'affaire. Néanmoins, les Hauts-Fourneaux inspiraient grande confiance et l'action, émise à 250 francs, était cotée 383 francs fin 1913.

5. — Le Développement prévu sans la guerre

Les mines et la métallurgie poursuivaient ainsi leur mouvement. Il était vraisemblable qu'en 1916 toutes les concessions déjà accordées seraient en pleine exploitation, le chemin de fer minier achevé et les hauts-fourneaux en fonctionnement. Cela devait représenter une production de 2 ou 3 millions de tonnes de minerai, sur lesquelles 600.000 seraient traitées par les hauts-fourneaux de Colombelles. En outre, de nouvelles concessions demandées en 1913 et 1914 en divers points de la région seraient alors entrées en exploitation. Quant aux ports de Caen, (ancien port et port privé des H. F. A. C.), leur mouvement aurait vraisemblablement dépassé 2 millions de tonnes, puisque le seul jeu des contrats avec Thyssen leur assurait le trafic de 400.000 tonnes de minerai et 400.000 tonnes de coke, qu'une partie des 300.000 tonnes de fonte produites aurait été exportée par voie d'eau, que la consommation de la houille s'accroissait régulièrement et que les mines augmentaient sans cesse leur produc-

tion destinée aux acheteurs anglais et allemands autres que Thyssen.
Granville aurait été aménagé pour le transport des minerais de Bourberouge et Mortain ; à Diélette, on comptait produire et exporter
par an 300.000 tonnes d'un excellent minerai. On estimait à 7.000
ouvriers le personnel nécessaire aux hauts-fourneaux, ce qui repré-
sentait pour la région caennaise, une augmentation de plus de 20.000
habitants. Les hauts-fourneaux devaient d'ailleurs devenir, avec
leur aciérie, leurs laminoirs, leur centrale électrique assurant tous les
services et pouvant fournir de l'énergie au dehors, la plus grande
usine métallurgique de France et le centre économique de la Basse-
Normandie. Les plans étaient prêts pour la construction éventuelle
de 8 hauts-fourneaux produisant chacun 400 tonnes par jour, soit au
total plus de 1.100.000 tonnes par an, et les statuts de la Société
prévoyaient parmi les buts de son activité : « la construction et
l'exploitation, pour son compte ou pour le compte de tiers, de toutes
voies ferrées, l'armement ou l'affrètement des navires, le commerce
et la transformation des produits et sous-produits des houillères,
mines, minières et carrières, l'achat, l'exploitation et la vente des
houillères, mines, minières, et carrières, la fabrication et la vente de
tous sous-produits, directs ou indirects, de l'industrie métallurgique...,
la production, l'utilisation, le transport et le commerce du gaz et de
l'énergie électrique sous toutes les formes et pour toutes leurs appli-
cations, l'obtention et l'exploitation de toutes concessions, notamment pour l'éclairage et la traction électrique, la prise d'intérêt ou
fusion avec toute société dont le commerce ou l'industrie seraient de
nature à favoriser les commerce ou industrie de la Société... ».

Il y a donc tout lieu de penser que la région caennaise serait deve-
nue, vers 1915 ou 1916, un des grands centres industriels français.
Mais la guerre a ralenti, puis fait repartir dans une voie nouvelle,
ce développement,

LES EFFETS DE LA GUERRE

Les effets produits par la guerre sur le développement économique
de la Basse-Normandie ont été d'ordres très divers. Il semble à peu
près impossible d'attribuer uniquement à la guerre les modifications
qui se sont produites depuis 1914, ou même de préciser dans quelle
mesure elle en fut la cause.

Il s'est produit en Basse-Normandie une série de perturbations
confuses, enchevêtrées, agissant en sens inverse les unes des autres,

et la meilleure méthode consiste peut-être à les examiner successivement, et à rechercher l'influence qu'a pu avoir chacune d'elles sur
l'état de la région. Ces causes perturbatrices peuvent être rangées
en six groupes principaux :

La mobilisation, le départ des travailleurs étrangers, la mise sous
séquestre des intérêts allemands ;

L'arrivée d'une main-d'œuvre réfugiée du Nord et de la Belgique ;

La création de fabrications de guerre ;

La nécessité d'utiliser les petits ports ;

La suppression de la production dans les régions envahies et les
difficultés d'importation ;

La hausse des produits agricoles et la crise de main-d'œuvre ;

*Le manque de main-d'œuvre et la mise sous séquestre des intérêts
allemands*

Par suite de la mobilisation, les travaux de construction des
hauts-fourneaux de Caen furent interrompus le 1er Août 1914. Leur
reprise paraissait d'autant plus difficile que la presse désignait ces
entreprises de Diélette et de Caen comme œuvres d'espionnage allemand, destinées à préparer le débarquement des troupes allemandes
dans le Cotentin, et le bombardement de Caen, et au besoin du
Havre, par une puissante artillerie établie sur les terrassements des
Hauts-Fourneaux. Il parut même — alors que le sort des H. F. A. C.
était en discussion, et que la censure fonctionnait — des articles de
journaux affirmant que l'empereur d'Allemagne avait honoré de sa
visite les hauts-fourneaux en construction, ou qu'on avait saisi en
gare de Caen des affûts de canon envoyés d'Allemagne.

Environ 800 travailleurs espagnols et italiens avaient dû quitter
les chantiers le 1er Août 1914. M. Le Châtelier, désireux d'achever
l'usine, parvint à réembaucher quelques ouvriers et à assurer ainsi
l'entretien des travaux déjà effectués.

Le décret du 27 Septembre 1914, organisant la mise sous séquestre
des biens et intérêts allemands en France, entraîna d'importantes
conséquences pour les mines et entreprises métallurgiques de Basse-
Normandie.

La mine de Diélette, propriété incontestablement allemande,
fut aussitôt séquestrée ; mal entretenue, elle fut bientôt noyée ;
les travaux qui y avaient été faits avaient une valeur d'environ

vingt-cinq millions ; ils seraient entièrement à refaire, et aucune société n'a entrepris la remise en état de cette mine.

La situation des autres mines et hauts-fourneaux fut beaucoup moins nette. Il semble que certains intérêts, qui s'étaient opposés avant la guerre à la création des entreprises Le Châtelier-Thyssen, aient poursuivi plus ou moins ouvertement leur campagne et qu'au contraire, d'autres entreprises, incontestablement allemandes, mais où étaient intéressés des adversaires de M. Le Châtelier, aient profité pendant quelque temps d'une certaine bienveillance.

Il apparaît bien que, dans les trois sociétés créées en 1912 par MM. Le Châtelier et Thyssen, l'influence française était prépondérante. Dans la Société des Hauts-Fourneaux et Aciéries de Caen, 25 % des actions seulement étaient aux mains de Thyssen ; or, lorsque M. Thyssen possédait 40 % des actions de Soumont et 40 % des actions des H. F. A. C. auxquels appartenaient 60 % des actions de Soumont, il avait conclu qu'il possédait 40 % + 24 % ou 64 % des parts d'influence dans Soumont; il voulait par suite diriger cette mine, et sur le refus de M. Le Châtelier, avait parlé de démission. Il ressort clairement de là qu'en Juillet 1914, Thyssen était loin de posséder la direction des H. F. A. C. Mais il y avait quelques milliers d'autres actions dont pendant longtemps la nationalité ne fut pas très bien éclaircie, et ceci a pu fournir un excellent prétexte à certaines hésitations.

M. Le Châtelier dans son livre « *Métallurgie d'hier et de demain* », résume de la façon suivante l'histoire des H. F. A. C. à la fin de 1914.

Sur le conseil que lui avait donné le 17 Octobre 1914, le directeur des mines au ministère de Travaux publics, M. Le Châtelier informait, par lettre du 20 Octobre 1914, le ministre des Travaux Publics de son intention de déposer une requête aux fins d'annulation des conventions passées entre les H. F. A. C. et MM. Thyssen. Il priait en même temps le ministre de lui confirmer ce qui lui avait affirmé le directeur des mines, c'est-à-dire que cette annulation n'entraînerait pas la déchéance de la concession du chemin de fer minier.

Ce même jour, 20 Octobre 1914, un communiqué rendait compte en ces termes du Conseil de ministres tenu le matin même « M. Sembat, Ministre des Travaux Publics, a communiqué au Conseil les résultats de l'enquête à laquelle il a fait procéder sur les mines de Normandie.

« La mine de Diélette, appartenant à la société Thyssen, devra être mise sous séquestre par application du décret du 27 Septembre et à cause de sa proximité avec le port de Cherbourg.

« La Société des Hauts-Fourneaux de Caen (Le Châtelier-Thyssen) avait des contrats avec la Société Thyssen pour la fourniture du minerai et le transport du charbon. Ces contrats tomberont par l'effet du même décret ».

A la suite de ce communiqué, le Parquet de Caen manifesta l'intention de placer sous séquestre, comme allemande, la Société des H. F. A. C.

M. Le Châtelier protesta auprès du Président du Conseil et du Garde des Sceaux, qui, suivant ses propres termes, « lui donnèrent les plus formelles assurances de réparation », et lui conseillèrent de s'entendre directement avec le ministre des Travaux Publics.

Il s'écoula alors une période assez trouble, pendant laquelle M. Le Châtelier fut renvoyé plusieurs fois du ministre des Travaux Publics au directeur des mines et réciproquement, et les vit s'abriter derrière les autorités judiciaires de Caen et de Paris. Il dut en même temps défendre l'entreprise contre diverses attaques.

Cependant il existait une Société des Mines de Barbery, où 800 actions sur 1.000 étaient allemandes et où les actionnaires allemands s'étaient réservé le droit d'acquérir jusqu'en 1916 les 200 actions françaises ; le Président du Tribunal de Falaise refusa de la placer sous séquestre ; il est vraisemblable que, comme il arrive presque toujours en pareil cas, cette décision est conforme aux conclusions du Procureur de la République, inspirées elles-mêmes par des instructions venues de Paris. D'autre part, suivant le récit de M. Le Châtelier, le 19 Novembre 1914, le ministre des Travaux Publics « s'est déclaré stupéfait d'entendre désigner les mines de Barbery, Estrées et Urville, comme placées sous l'influence allemande et s'est déclaré résolu à régler comme il convenait leur situation n'étant, lui, soumis à aucune influence personnelle ». Or, cette Société, parmi les actionnaires de laquelle figurait un polémiste très hostile à la Société des H. F. A. C., fut placée ultérieurement sous séquestre à Paris par ordonnance du 23 Mars 1915, et sur appel, la cour de Paris rendait, le 7 Juillet 1916 un arrêt confirmant cette ordonnance, et où se trouvent ces phrases : « Considérant que.... il appert.... que l'influence allemande était non seulement prépondérante, mais toute puissante et absolue dans les détails de l'Administration de la Société ; que le Conseil d'administration se réunissait aussi bien en Allemagne qu'en France.... ».

Enfin, la Société des Mines de Saint-André, soumise aussi à l'influence allemande, était, elle aussi, placée sous séquestre (ainsi que celles de Maltot et Bully) ; mais les ministères de la Justice et des Travaux Publics multiplièrent les obstacles lorsque le séquestre tenta de la mettre en exploitation ; or cette mine était particulièrement bien placée par rapport aux Hauts-Fourneaux qu'elle alimente actuellement, et sa destruction (car les travaux d'entreprise même y étaient rendus difficiles) eût grandement gêné leur fonctionnement. Ces obstacles cessèrent au printemps de 1916, c'est-à-dire au moment où il fut constant que M. Le Châtelier céderait la place à des métallurgistes fort influents, tels que MM. Schneider et la Société de Saint-Chamond.

Quand à la Société Française des Mines de Fer de M. de Poorter, on se décida à la placer sous séquestre en 1916 en considérant les actionnaires hollandais comme personnes interposées et l'affaire comme allemande au fond, puis à lever le séquestre en 1920 en considérant que leurs actions étaient véritablement hollandaises.

Cependant, les H. F. A. C., faute de capitaux, ne pouvaient poursuivre les travaux. MM. Thomas et Claveille s'occupèrent de faire achever les usines dont la production pouvait être d'un grand intérêt pour la défense nationale. MM. Schneider et Cie formulèrent des offres en Octobre 1915. D'autres sociétés furent pressenties.

Le 31 Décembre 1915, une délégation de métallurgistes remettait au Président du Conseil un mémoire de protestation où se trouvaient ces phrases : « Nous avons eu l'honneur de vous exposer les graves objections que soulève la combinaison présentée par le groupe formé par le Creusot et tendant à l'amodiation de l'affaire des Hauts-Fourneaux de Caen. Nous croyons avoir établi que ni les intérêts de la Défense Nationale, ni aucun autre intérêt général ne sauraient tirer parti de la mise en œuvre de cette combinaison, mais que, par contre, elle porterait atteinte à des intérêts industriels des plus respectables.... Nous persistons plus que jamais dans cette manière de voir.... ». Cette délégation offrait cependant à la société à former un concours financier sous forme d'un prêt sur immeubles à intérêts normaux qui devait permettre à la Société de Caen de durer jusqu'à la fin des hostilités, mais elle n'insistait pas sur le sort qui serait réservé plus tard aux usines de Caen.

Le 9 Mars 1916 fut cependant fondée, par MM. Schneider et Cie, les Forges et Aciéries de la Marine et d'Homécourt (liées à la Société de Saint-Chamond) et la Société de Pont-à-Mousson, la Société Normande de Métallurgie, au capital-actions de 25 millions, qui fut porté dans la suite à 52.500.000 francs puis à 60 millions, avec

40.500.000 francs d'obligations et 13.500.000 francs de bons décennaux. Cette Société a pris à bail, pour 90 ans, tout l'actif immobilier et une partie de l'actif mobilier des H. A. F. C., à charge de faire face au passif. Elle a, en outre, la faculté de racheter tout l'actif en échangeant, titre par titre, les 120.000 actions des H. F. A. C. contre des actions à émettre de la Société Normande de Métallurgie (S. N. M.).

La S. N. M. a depuis lors la direction des usines ; la fonderie a commencé à travailler en Mars 1916, puis peu à peu les autres appareils (le premier haut-fourneau le 19 Août 1917, le second le 7 Mai 1918 ; ce sont les hauts-fourneaux les plus grands qui existent en France). Le chemin de fer minier fut achevé et l'ensemble des travaux très activement poussé pendant la guerre. On évaluait la production annuelle des usines (1) à 290.000 tonnes de scories de déphosphoration.

Jean FRANCK.

Extrait de la *Région Economique*
Caen, LANIER et JOUAN (1921).

(1) L'*Information*, 18 Septembre 191

Hauts-Fourneaux de Caen

L'usine est située à 4 kilomètres de Caen. — Superficie 400 hectares, dont 200 sont occupés actuellement par l'usine même. — Elle s'étend jusqu'au Canal maritime Caen à la Mer. — Port privé, profondeur 8 mètres, équipé pour l'importation du charbon et l'exportation du minerai et des produits fabriqués.

L'usine est reliée par voies ferrées au port, à la gare de Caen et aux mines de fer de Soumont et à son port privé.

Produits fabriqués : rails, profilés, fers marchands, billettes, élargets, puits, sous-produits de distillation de la houille : sulfate, benzol, huiles, phosphates métallurgiques, et laitier granulé.

Les installations comprennent : batteries de fours à coke, usine à sous-produits, hauts-fourneaux, aciéries Thomas et Martin, laminoirs, fonderies et ateliers de mécanique, centrale électrique. — Services annexes : services des eaux, chemins de fer intérieurs, port privé.

Fours à coke. — 6 batteries de 42 fours d'une contenance unitaire de 10 tonnes transformant en coke métallurgique à raison de 250 tonnes par 24 heures le charbon importé.

Hauts-Fourneaux. — 2 hauts-fourneaux sur les 6 prévus sont actuellement en feu donnant chacun 400 tonnes de fonte et 200 tonnes de laitier en 8 coulées par 24 heures — Hauteur totale du haut-fourneau : 27 mètres 310.

Aciéries Thomas. — 3 cornues de 30 tonnes, à mouvement hydraulique, un mélangeur de 700 tonnes — longueur : 9 mètres 88 et ayant 6 mètres 45 de diamètre.

Aciéries Martin. — Halle de coulée des fours longue de 125 mètres, large de 20 mètres 90, 5 fours de 30 à 35 tonnes, 2 ponts chargeurs, de 3 à 5 tonnes, parc à riblons desservi par deux ponts roulants, reprise des ferrailles par électro-aimant, gazogènes. — Production de cette aciérie : 120.000 tonnes par an.

Installation annexe. — Une sous-station de pompes et un laboratoire, une section d'essais mécaniques, installation de fours électriques.

Laminoirs. — Bâtiments d'une longueur de 450 mètres. Deux trains de laminoirs, un duo-reversible de 850 à 900 millimètres de diamètre à 4 cages et un semi-continu destiné à la fabrication des fers marchands de petits profils. Les laminoirs conduits par les moteurs électriques.

Centrale. — 200 mètres de large sur 35, 2 ponts roulants. Puissance totale : 45.000 CV.

Groupe électrogène. — Deux groupes formés chacun de moteurs à gaz à quatre temps. Le courant produit est du triphasé : 5.200 v et 50 périodes. Machines soufflantes, commande par moteur à gaz et commande par turbo machine.

Fonderie et ateliers de mécanique, comprenant : cubilot convertisseur, tours, raboteuses, perceuses, fraiseuses, pilon à vapeur ou pneumatique, etc....

Laboratoires.

Service annexe. — Service des forces motrices et des eaux ; consommation totale de l'usine en pleine marche : 3.000 mètres cubes par heure.

Service d'entretien. — Service du mouvement. Réseau de l'usine : développement de 60 kilomètres de voie. La gare centrale comprend 11 voies parallèles, longueur de 300 à 500 mètres.

Matériel. — 34 locomotives, 95 wagons métalliques de 50 tonnes à déchargement automatique, 33 plates-formes de 20 à 35 tonnes, 40 wagons de 30 tonnes, 14 de 20 tonnes, 4 chariots-poche à fonte de 40 tonnes, 1 de 10 tonnes, 6 chariots-cuve à laitier de 18 et 20 tonnes, 16 de 10 tonnes, pour scories Thomas, 20 wagons basculant pour déblais, 41 wagons-citernes pour transport des huiles, goudrons, benzols, 3 locomotives et 40 wagons-lingotières de 2 lingots chacun.

Habitations. — Bureaux, habitations du Directeur et des Ingénieurs, cités ouvrières.

Ecoles pour enfants, garçons et fillettes. Ecole d'apprentissage, formation professionnelle de jeunes gens se destinant à l'industrie métallurgique.

Productions :

Coke	430.000 T.
Fonte	210.000 T.
Lingots d'acier Thomas et Martin	268.000 T.
Demi-Produits	155.000 T.
Rails et Profilés	24.000 T.
Fers Marchands	37.000 T.

Sous-Produits :

Sulfate d'ammoniaque	5.020 T.
Benzol	2.130 T.
Brai	7.900 T.
Huiles anthracéniques et Naphtaliniques, Créosote	3.400 T.
Naphtaline	1.480 T.
Pâtes anthracéniques	250 T.
Scories Thomas	33.600 T.

Expéditions par voie maritime :

Aciers laminés .... 151.000 T.
(dont : 140.000 t. environ pour l'exportation)

Mouvements au Port de Caen (Poste du Nouveau-Bassin et Port privé)

Tonnage de marchandises entrées	595.000 T.
Tonnage de marchandises sorties	167.000 T.
Tonnage total	762.000 T.

Personnel :

Nombre d'ouvriers : 3.700

Nombre d'ouvriers et employés mariés logés par la Société : 810
Nombre d'ouvriers célibataires logés par la Société : 920

Les renseignements qui précèdent ont été puisés les uns dans le n° de Mars 1924 de *La Technique Moderne*, les autres concernant les productions nous ont été donnés par la Société Normande de Métallurgie à la date du 8 Mai.

Exportation de fonte et d'acier par le Port de Caen

1920	51 500 T.	1922	84.900 T.
1921	85.031	1923	128.039

1924 : Janvier, Février, Mars, Avril, Mai..... 55.300 T.

Comité Régional de Basse-Normandie

Extrait du Procès-verbal de la réunion du Comité du 27 Mars 1924

MINERAIS NORMANDS

PROJET D'ACCORD AVEC LES INDUSTRIELS DE LA RUHR POUR ÉCHANGE DE CHARBONS ET MINERAIS

M. le Président, donne connaissance au Comité de la correspondance qu'il a échangée à ce sujet avec un Parlementaire du Calvados au courant de cette question et avec M. Cabrol, Président de la Chambre de Commerce de Flers.

Le Comité reconnaissant qu'il y a lieu de faire comprendre les minerais normands dans les échanges qui pourraient se faire avec les Industriels de la Rhur en concurrence avec les minerais de l'Est adopte les termes de la lettre écrite par le Président à M. le Président du Conseil et décide d'en envoyer copie à MM. les Parlementaires de la Région ainsi qu'à MM. les Propriétaires de Mines et Armateurs.

Caen, le 28 Mars 1924.

Monsieur le Président du Conseil,

Le Journal « *L'Information* », dans son numéro du 20 Mars dernier, a publié l'entrefilet suivant :

« On dit que les Industriels de la Ruhr seraient assez disposés à « négocier une entente moyennant une transaction qui consisterait essen- « tiellement dans l'échange du charbon allemand contre du minerai « français. »

Si le fait est exact, nous nous permettons, Monsieur le Président, d'attirer votre bienveillante attention sur tout l'intérêt qu'il y aurait à ce que le Bassin minier de la Basse-Normandie soit compris dans le contrat.

En effet, vous n'ignorez pas, Monsieur le Président, l'importance de nos gisements métallifères et la teneur en fer de notre minerai qui dépasse de beaucoup celle de la Minette du Bassin du Briey.

Avant la guerre, alors que la plupart de nos mines étaient à peine en exploitation, l'équipement de certaines n'était même pas terminé, nous n'en exportions pas moins de 500.000 tonnes par le Port de Caen, servant comme fret de retour à l'importation des charbons anglais et allemand.

Nous escomptions que ce chiffre serait plus que triplé dans l'espace de quelques années, et il en aurait été certainement ainsi sans la guerre. A cet effet, nous avions prévu un programme de travaux à exécuter au Port de Caen, pour y recevoir des navires de plus fort tonnage. Ces travaux au point de vue de l'élargissement et de l'approfondissement du canal de Caen à la Mer, viennent d'être terminés. Un quai spécial de 365 mètres sur lequel on doit installer des appareils de chargement rapide pour les minerais de fer, est en voie de construction. C'est vous dire, Monsieur le Président, que la Chambre de Commerce de Caen n'a rien négligé pour mettre son Port à même de remplir le rôle qui lui est dévolu : celui de grand port minier de l'Ouest de la France. Il en est de même pour les ports de Cherbourg, Granville, Honfleur, desservant aussi le Bassin normand, dans lesquels des travaux considérables ont été exécutés ou sont en voie d'exécution, afin de leur permettre de répondre aux besoins du jour.

La chose est d'autant plus intéressante au point de vue national que notre minerai est payé en devises étrangères et que son transport se faisait avant la guerre et se fait encore actuellement principalement sous Pavillon français, par les steamers de deux Maisons d'Armement de notre Placè : la *Société Navale Caennaise* et la Maison *Bouet*.

Nous osons espérer, Monsieur le Président, que si la convention mentionnée ci-dessus venait à se réaliser, le Bassin minier bas-normand ne serait pas oublié.

Il serait regrettable, qu'après avoir réussi à franciser nos mines dont une partie avant la guerre appartenait à des firmes allemandes, de leur voir fermer leur principal débouché.

Notre minerai carbonaté mélangé avec celui de l'Est, donne les meilleurs résultats. C'est la raison pour laquelle les métallurgistes allemands avaient acquis quelques-unes des principales mines de notre région.

Nous comptons donc, Monsieur le Président, sur votre haute équité pour que dans la convention à intervenir, les intérêts de nos Sociétés minières soient réservés.

Veuillez agréer, Monsieur le Président, avec mes remerciements anticipés, l'assurance de mes sentiments respectueusement dévoués.

Le Président de la Région Economique,

H. Lefèvre.

Cette lettre en même temps qu'elle était adressée à M. le Président du Conseil était envoyée à MM. les Ministres des Travaux Publics et du Commerce ainsi qu'à MM. les Députés et Sénateurs des Départements du Calvados, Manche et Orne et à MM. les exportateurs de minerai et propriétaires de mines et à la Presse régionale.

Tous approuvèrent le vœu émis par le Comité Régional de Basse-Normandie.

M. Engerand, député du Calvados, dont la compétence sur les questions minières fait autorité, appuya la demande du Comité par la lettre suivante :

Paris, le 8 Avril 1924.

Monsieur le Président du Conseil,

J'ai l'honneur d'appeler votre attention sur un vœu qui vous a été envoyé par M. H. Lefèvre, Président de la Région Economique de Basse-Normandie, au sujet des négociations éventuelles avec les Industriels de la Ruhr, concernant l'échange du charbon allemand contre du minerai français.

J'appuie instamment ce vœu ; le minerai de fer du Bassin de Basse-Normandie est autant et peut-être plus que la minette de Briey susceptible de participer aux échanges envisagés.

Les métallurgistes allemands et notamment M. Kunarius, l'un des directeurs des usines Thyssen, objecte, en effet, et l'objection a sa valeur, que le prix du minerai de Lorraine rendu aux Aciéries de la Ruhr est trop élevé par rapport au minerai suédois qui, actuellement, alimente les hauts fourneaux allemands.

Le minerai suédois contient 55 à 60 % de fer ; pour manufacturer une tonne de fonte 900 kilos de coke suffisent.

La teneur en fer du minerai de Lorraine est de 30 à 32 % et il faut 1.400 kilos de coke pour manufacturer une tonne de fonte.

Le principal inconvénient du minerai de Briey est dans sa faible teneur en fer et dans l'élévation de son prix de transport aux usines de la Ruhr et de la Wesphalie.

Le minerai suédois est transporté par eau et amené à quai aux usines rhénanes.

Les Hauts Fourneaux allemands sont équipés pour traiter des minerais à haute teneur de fer. Dès avant la guerre, les Allemands devaient mélanger le minerai de l'Est au minerai normand pour obtenir un bon résultat. Dans ces conditions, il est à craindre que des établissement métallurgiques ne doivent s'adresser à la Suède.

Les minerais normands peuvent parer à ce danger et être rendus en Allemagne à un prix plus avantageux que le minerai suédois.

Les minerais de Basse-Normandie et de la région Ouest par leurs belles qualités physiques et chimiques, parviennent même en Angleterre à concurrencer les minerais de Wabana (Terre-Neuve). La teneur en fer du minerai normand est de 45 à 50 %, c'est-à-dire presque égale au minerai suédois et la position littorale des gisements avait attiré, avant la guerre, les grosses firmes allemandes qui avaient acquis la plus grande partie des mines.

Avant la guerre 500.000 tonnes de minerai étaient exportées par le Port de Caen et principalement sous Pavillon français. Ces chiffres auraient plus que triplé en l'espace de quelques années sans la guerre. Pendant et après la guerre les grands travaux prévus pour l'élargissement et l'approfondissement du Canal de Caen à la Mer et la construction des quais ont été effectués. Le transport par eau du minerai normand vers la Ruhr et la Wesphalie peut donc être assuré à un taux permettant de concurrencer nettement le minerai suédois.

Il est dans la force des choses que certaines usines allemandes s'approvisionnent en Normandie d'une partie des minerais qui leur sont nécessaires. C'était la combinaison envisagée avant la guerre par Thyssen, et qui a amené la création des Hauts Fourneaux de Caen.

J'ajoute que bien que Thyssen eut déclaré bien haut après le Traité de Versailles qu'il n'achéterait plus une tonne de minerai français, dès 1919, par l'intermédiaire des courtiers anglais, l'Allemagne a acheté des hématites normandes nécessaires pour ses fontes de moulage et ses fontes Thomas.

Je vous demande de ne pas oublier ces considérations et le vœu de la « Région Economique de la Basse-Normandie » si le gouvernement a à examiner les accords éventuels dont il s'agit.

Daignez agréer, Monsieur le Président du Conseil, l'assurance de ma haute considération.

ENGERAND.

Réponse de M. le Président du Conseil :

Monsieur le Président,

Vous avez bien voulu attirer mon attention sur un vœu émis par le Comité de la Région Economique de Basse-Normandie demandant que les intérêts des Sociétés Minières normandes soient pris en sérieuse considération si des négociations venaient à s'engager avec les Industriels allemands en vue de l'échange du charbon allemand contre du minerai de fer français.

J'ai l'honneur de vous accuser réception de cette communication dont l'intérêt ne m'a pas échappé et dont les services compétents de mon Département ont pris bonne note.

Agréez, Monsieur le Président, les assurances de ma haute considération.

R. POINCARÉ.

A Monsieur H. LEFÈVRE,

Président de la Région Economique de Basse-Normandie,
Hôtel d'Escoville, Place St-Pierre, Caen.

Le Charbon en Normandie

LA GÉOLOGIE HOUILLÈRE EN NORMANDIE

Une communication récente du Ministère de la reconstitution industrielle a apporté au public la sensationnelle nouvelle que le charbon avait été découvert en Normandie, ou plutôt mis au jour dans la région de Saint-Lô. Pour la France déficitaire en combustibles et obligée de recourir dans la plus large mesure aux houilles étrangères, pour la Normandie industrielle privée à l'heure actuelle de tout dépôt en exploitation, l'information prend une importance considérable.

Toutefois, à dire vrai, ce dont on doit être le plus surpris, c'est non pas de la reconnaissance officielle d'une formation charbonnière au voisinage du Cotentin, mais bien du retard apporté à la prospection méthodique du sous-sol bas-normand et de l'ouest.

Géologiquement, en effet, l'existence d'un grand bassin houiller vers Saint-Lô a été de longue date affirmée par les savants. Au commencement du siècle dernier, l'illustre Caumont signalait la présence de grès houillers dans le golfe disparu du Cotentin, où coule aujourd'hui la Vire, tandis qu'Hérault avait reconnu leur développement dans la région de Bayeux.

Les terrains primitifs qui forment l'ossature de la Bretagne se poursuivent dans le Calvados après avoir constitué le relief de la Manche. Mais ils laissent au nord une large anfractuosité à peu près limitée à Valognes, Saint-Sauveur-le-Vicomte, Périers, la Chapelle-en-Juger, (où se trouve l'unique gîte métropolitain de mercure) Littry et Balleroy. Cette baie profonde de plus de 30 kilomètres, serait même encore jusqu'à un certain point envahie par les eaux si les digues édifiées près des embouchures de la Taute et la Douve, n'avaient maintenu le flot marin depuis un siècle.

Dans cette échancrure des sédiments se sont déposés au cours des âges postérieurement à l'époque primaire. Au-dessus de schistes, grès et charbons du carbonifère, se sont accumulées de puissantes assises de grès rouges et blancs, de schistes rouges, de poudingues, de calcaires magnésiens plus ou moins colorés, assises qu'on désigne sous le nom de « Red Marie » et dont l'épaisseur excède 260 mètres à Bricqueville, au nord de Littry. Cette formation paraît se rattacher à l'étage triasique. Ces terrains doivent d'ailleurs être subdivisés en plusieurs zones : la première, supérieure composée d'argile et de sable argileux, de galets parfois agglomérés, de grès blancs et de marnes rouges.

La seconde zone contient des calcaires magnésiens, la troisième des alternances de grès et marnes rouges, la quatrième des calcaires compacts alternant avec des schistes gris ou rouges et quelques grès, la cinquième des grès micacés rouges, des schistes rouges et des galets siluriens agglutinés.

Les matériaux de la zone supérieure ont été visiblement bouleversés à l'origine et ont même débordé sur les terrains plus anciens qui entourent le golfe du Cotentin.

A la partie supérieure de ces masses triasiques se sont déposées dans bien des cas des calcaires de l'infra-bras, puis des sédiments du bras. Une faille s'étant produite à l'époque crétacée et ayant brisé le sol par places, la mer crétacée et tertiaire a envahi les terrains bas situés entre la Douve et le Marderet. Enfin, plus près de nous des sables et graviers quartenaires ont recouvert les dépôts plus anciens et des tourbes se sont formées dans les marais de la Taute, de la Douve, et de Gorges au nord-est de Périers.

Le terrain carbonifère n'existe toutefois, pas seulement dans la baie du Cotentin. On le rencontre également assez loin du Golf au sud de Coutances, entre Hyenville, Montmartin-sur-Mer et Regneville. Mais il ne s'agit ici que d'un lambeau étroit sans intérêt industriel.

Il sied d'ajouter que des éruptions se sont produites dans la préhistoire, qui ont tantôt projeté à la surface du globe des rochers porphyriques, tantôt déterminé l'affleurement du charbon profond.

La formation houillère de la Basse-Normandie constitue-t-elle un gîte isolé? On peut affirmer que non. En effet, le Cotentin appartient à un immense bassin qui s'allonge des terrains anciens de la Lorraine à ceux de la Bretagne et de l'Angleterre. Elie de Beaumont, le père de la géologie française, avait fait remarquer justement la parfaite symétrie qui existe entre les divers rivages de ce bassin et qui a permis de retrouver en Normandie les dépôts de fer de la Lorraine.

On peut admettre également qu'on doit rencontrer aussi en Normandie les formations carbonifères observées à Newcastle, Swansea, Exeter et à l'est de la Lorraine.

A l'appui de cette thèse, le dernier Directeur des Mines de Littry, M. Bariaux, a relevé le parallélisme qui s'affirme entre les dépôts de terrain jurassiques français et anglais suivant une ligne Oxford-Portsmouth, Caen et Mamers.

En d'autres termes le grand dépôt de craie qui s'étend de Paris à Londres, séparerait superficiellement les horizons houillers anglo-normands, des gîtes franco-belges, et les charbons normands se rattacheraient étroitement aux houilles britanniques.

Dans ces conditions les dépôts de combustibles naguère exploités au Plessis (Manche) et à Littry (Calvados) releveraient d'une vaste formation englobant à la fois la France, l'Angleterre et la Belgique et il n'y aurait aucune solution de continuité entre Le Plessis et Littry où la houille ne formerait en aucun cas, des lambeaux isolés. Sans aller aussi loin que M. Bariaux, et sans rattacher les houilles normandes aux dépôts anglais, l'ingénieur officiel M. Vieillard, après M. Hérault, avait dès 1873, à la sollicitation de la Chambre de Commerce de Caen et aux frais du Conseil Général du Calvados (Décision du 26 août 1873) procédé à une étude attentive de la question dont les résultats ont puissamment contribué à la découverte récente.

Deux considérations d'après M. Vieillard tendraient à prouver la continuité du gîte houiller : 1° tout d'abord sur tout le pourtour sud du golfe, de Mobecq à Littry ; les assises de schistes et grand-wackes cambriens se maintiennent régulièrement entre les cotes de 50 et 120 mètres. Pour qu'il y eut une zone stérile entre le Plessis et Littry, il faudrait admettre entre ces deux points un relèvement des couches antérieures au carbonifère. Or ce redressement, cet accident aurait laissé des traces à la périphérie du golfe du Cotentin. Ces traces sont invisibles, on en doit déduire qu'il ne s'est produit aucun bouleversement de cette ampleur et que le dépôt houiller doit occuper tout le fond de l'ancienne anfractuosité littorale.

Sans doute des accidents éruptifs ont pu provoquer des dislocations locales et entraîner des érosions du terrain houiller, mais en aucun cas on ne doit supposer une discontinuité de la formation ; en second lieu si l'on examine les caractères des dépôts du Plessis et de Littry, distants de 40 kilomètres, on constate des analogies troublantes. D'après les comparaisons du sondage Kind (Le Plessis) et des travaux de Littry, on peut considérer que dans la baie du Cotentin il existe trois couches à Littry comme au Plessis ; la troisième se rattachant dans les deux cas à des assises de conglomérat identiques. D'autre part, les intercalations de roches porphyriques présentent dans les deux concessions le même aspect. Les schistes bitumeux de Littry se retrouvent au Plessis vers l'est ; le terrain incline donc dans les deux cas vers Isigny-Carentan. Le fond de la cuvette se trouve précisément où il doit être au milieu de l'ancien golfe du Cotentin. Enfin il y a une connexion absolue entre le houiller du Plessis et de Littry et les assises permiennes et triasiques qui occupent toute la ceinture de l'antique golfe.

Aussi M. Blariaux a-t-il pu dire avec quelque raison : « Il n'existe pas entre les différentes parties des bassins houillers de ressemblances ni d'analogies aussi frappantes que celles que l'on observe à Littry, et au Plessis ».

Ajoutons enfin, que les houilles des deux gîtes sont grasses, à longue flamme, légèrement pyriteuses et présentent une composition chimique identique.

LES TRAVAUX DE RECHERCHES EN NORMANDIE

Bien avant Hérault et Vieillard, des travaux de recherches avaient été effectués en Normandie dont nous avons retrouvé la trace dans les archives de Saint-Lô. Les plus anciens semblent remonter à 1620. Un rapport écrit en 1901 conte qu'à cette date, une mine avait été ouverte à Clitours, canton de Saint-Pierre-Eglise, et qu'on y exploitait un combustible qui semblait abondant. Mais une épidémie de peste ayant décimé la population, l'ignorance paysanne l'attribua à l'ouverture de la carrière, et celle-ci fut abandonnée. L'information doit être accueillie sous réserve, Clitours n'appartenant pas à la zone minéralisée du golfe du Cotentin. Les explorations suivantes furent toutes infructueuses ; vers 1720 un puits fut creusé à la profondeur de 120 pieds à Saint-Martin-d'Andouville, à l'est de Valognes.

Des venues d'eau interrompirent les opérations. Celles-ci furent renouvelées en 1778, plus près du bourg, mais on ne dépassa pas cette fois 80 pieds sans rencontrer la houille comme il fallait s'y attendre en raison de l'épaisseur des morts-terrains.

Le houiller était signalé beaucoup plus à l'ouest à Tamerville, mais il semble qu'aucun sondage n'ait été entrepris.

Par contre au sud et à l'est de Saint-Martin des fouilles furent entreprises avant la Révolution par un sieur Mathieu, l'inventeur de la mine de Littry.

Deux puits furent foncés à Vandreville et Lestre, mais durent être abandonnés du fait de grandes venues d'eau. Les frères Sorel ne furent pas plus heureux sur ce point en 1785 qu'à Mondebourg au sud de Vandreville, où ils ouvrirent deux puits de 40 pieds qui furent bientôt inondés.

Les travaux précipités portaient judicieusement sur une région où l'on pouvait espérer recouper le gîte, mais où toutefois il y avait lieu de redouter des inondations en raison du caractère aquifère du sol. Des prospecteurs, avec moins de clairvoyance et induits en erreur par la présence de schistes ampéliteux noirs qu'ils prirent pour des schistes houillers explorèrent la région de Bricquebec située à l'ouest du Cotentin.

Au XVIIIe siècle la vallée de la Seye était animée par de nombreuses forges qui travaillaient au bois. En 1720 on s'occupa de substituer au bois les combustibles minéraux.

D'après l'Ingénieur de l'Etat Duhamel, en 1791, on pouvait encore apercevoir un puits profond d'une trentaine de pieds au sud du village près d'affleurements schisteux où, selon la tradition, on trouvait un combustible « brûlant bien » mais dont il n'existe plus de traces.

Le souvenir de ces travaux hanta en 1866, le sieur Devéreux qui sollicitait l'octroi d'une concession à Bricquebec sans pouvoir l'obtenir. C'est également au milieu du niveau des schistes ampéliteux qu'un nommé Tubeuf ouvrit le puits de Saint-Sauveur-le-Vicomte, dans la vallée de la Douve. Approfondi à 150 pieds ce puits ne rencontra qu'un lit de galets.

Malgré cet échec fatal de nouvelles recherches furent tentées en 1867 au même point. Elles furent en pure perte.

On peut aussi se demander quelles considérations ont incité les frères Sorel à foncer deux puits de 40 et 100 mètres de profondeur à 1 kilomètre du petit port de Carteret, sur le rivage occidental du Cotentin. Mentionnons encore les fouilles pratiquées en 1867 à Mobecq par M. Coquelle et la Société de Pontgibaud, fouilles négatives comme il fallait le prévoir.

La région de Montmartin donna lieu aussi à des explorations infructueuses parmi les schistes noirs regardés comme charbonneux.

Tubeuf infatigable étudia le territoire de Saussay et y ouvrit une galerie près de l'étang du Moulin Morel. Vaine tentative suivie d'échec.

Mais dans le pays l'idée qu'on pourrait recueillir du charbon a persisté tenace. Il y a 30 ou 35 ans un propriétaire d'Ouville ayant recoupé des grès plus ou moins houillers, en creusant un puits s'imagina qu'il avait découvert un gîte de charbon et se ruina à approfondir son puits qui fut comblé ultérieurement.

Vers 1900 la commune de Montmartin ayant fait ouvrir un puits municipal des schistes noirs furent rencontrés à partir du niveau de 14 mètres et jusqu'à 16 mètres. Les produits brûlant avec une forte chaleur, on les expérimenta à l'école, et des veinules de houille ayant été observées dans des puits voisins une société locale se constitua vers 1908 pour l'exploration du gîte, mais elle dut abandonner ses projets en raison de la médiocrité de ses ressources.

Des travaux de même ordre dans une zone où l'on ne saurait recouper la formation houillère, ont été engagés aux abords de Saint-Lô, où en 1808 un entrepreneur engloutit sa fortune à essayer de franchir les granwackes et les schistes argileux qui recouvrent les terrains anciens à Saint-Pierre-de-Semilly, entre Berigny et Saint-Lô, où un métallurgiste du Nord, Guéron, fonçait un puits de 35 mètres dans le stérile.

Tous ces efforts devaient être vains parce qu'ils étaient poursuivis sans méthode, au hasard, sans examen scientifique préalable qui eut décidé l'impossibilité de recouper le gîte dans les terrains anciens. D'autres prospections avaient été plus logiquement organisées sans cependant répondre à leur objet.

MM. Duhamel, père et fils, Ingénieurs des mines, lauréats de l'Académie des Sciences, avaient à la fin du XVIIIe siècle sollicité une vaste concession dans le canton de Saint-Clair (nord de Saint-Lô), et constitué une société d'exploitation, avec des capitaux locaux. Ils se proposaient en effet de reprendre les travaux exécutés en 1765 par le directeur de la mine de Littry, Auvray, qui avait creusé sur la rive gauche de l'Elle, à Moon un puits de 120 pieds. Auvray pensait retrouver la formation à 300 pieds, mais il dut renoncer à ses explorations pour des causes politiques.

La requête de Duhamel n'ayant pas été accueillie, celui-ci ne semble pas avoir mis à exécution ses projets de reprise des travaux.

C'est dans la même région qu'avec raison un notaire de Carvin entreprit en 1860 le sondage de Méautis qui fut malheureusement arrêté trop tôt et ne dépassa pas une centaine de mètres.

L'Etat que préoccupait légitimement l'insuffisance de notre production houillère, avait entre temps jugé d'intervenir. Sous l'impulsion de l'Ingénieur en chef Hérault le gouvernement avait autorisé l'exécution de deux sondages entre le Plessis et Littry.

Ceux-ci furent entrepris en 1840. Le premier confié à la Compagnie minière de Littry, s'effectua à Mestry (ferme Emery) au nord de la concession de Littry. Les grès rouges ne furent pas atteints et les travaux furent suspendus à la profondeur de 174 mètres à la suite d'accidents.

Le second sondage fut reporté beaucoup plus à l'ouest, à Saint-Jean-de-Daye entre le Plessis et Lison. Il fut confié à la Société minière du Plessis.

Il fut poussé à la profondeur de 154 mètres, où il semble avoir recoupé les premières assises calcaires du permien (1843). Un différend entre l'Etat et les sondeurs provoqua l'arrêt des prospections en Janvier 1844.

Les recherches n'avaient pas seulement porté sur le golfe du Cotentin, et le pourtour de la cuvette. On avait également supposé que la formation de Littry se prolongeait sur la rive droite de l'Orne et nous voyons qu'un arrêt du Conseil du 4 Avril 1786, autorisait le sieur Charles Pierre, entrepreneur à Caen, à exploiter pendant 20 ans le charbon de May et Feuguerolles, découvert semble-t-il en 1784 par un chimiste de Falaise, Saint-Laurent ; la Société formée par Pierre effectua des fouilles sur les schistes ampéliteux de Feuguerolles et dépensa en pure perte 150.000 livres à foncer deux puits près de l'Orne et à ouvrir des travers-bancs de part et d'autre de ces puits.

Malgré l'échec complet et fatal de ces opérations la Société Lebreton Vallée tenta en 1836 d'épuiser les Galeries. L'Etat ayant refusé de lui octroyer une concession elle abandonna bientôt ses projets.

Mentionnons aussi qu'en 1822, des prospections infructueuses avaient été exécutées à Evrecy, dans des argiles bitumeuses rappelant celles de Littry et qu'antérieurement à la Révolution les sieurs Petevire, Brunet, Saint-Laurent, avaient attiré l'attention des pouvoirs publics sur l'existence de combustibles entre Falaise et Caen. Des fouilles avaient été pratiquées jusqu'à une profondeur de 80 mètres, mais il ne semble pas que les prospecteurs aient ainsi obtenu des résultats décisifs.

Nous ne saurions oublier en dernier ressort qu'en 1776 et 1802 à Saint-Laurent-du-Mont et Saint-Samson dans la Vallée d'Auge, on a recoupé en creusant des puits une couche houillère, d'excellente qualité, qui d'après le Conseil des Mines, devait s'enfoncer sous le Beuvron et aboutir à la mer vers Colleville.

Cette découverte a été corroborée vers 1900 par la reconnaissance, au fond d'une cave de Beuvron-en-Auge, d'une veine charbonneuse, dont les produits ont paru excellents. Ces innombrables efforts avaient permis à Caumont d'écrire : « Il n'y a peut-être pas en France de département où l'on ait fait plus de recherches pour trouver de la houille que dans la Manche et le Calvados ».

Il faut dire toutefois que les prospecteurs s'étaient heurtés à une connaissance insuffisante des conditions géologiques de la formation, à l'abondance des venues d'eau, à l'imperfection de la technique minière et en outre, leurs travaux avaient été conduits sans méthode et sans discernement dans la plupart des cas.

LES MINES DU PLESSIS ET LITTRY

Les prospecteurs modernes ne pouvant puiser dans les travaux de recherches négatifs du passé de précieuses informations devaient s'inspirer uniquement des résultats obtenus durant l'exploitation des minerais du Plessis et de Littry.

Concédée en 1757 à Mathieu de Flandre, la première occupait 4.761 hectares au voisinage de la ligne de Carentan à la Haye-du-Puits et plus spécialement de la station de Saint-Jores.

Les travaux qui y furent exécutés ont montré que la formation houillère, disloquée par des éruptions porphyriques, y constitue trois zones à peu près parallèles : l'une à l'ouest, peu étendue, superficielle et contenant les combustibles de qualité médiocre, la seconde présentant deux couches de 1 m. 20 à 1 m. 50 d'épaisseur, la troisième à peine explorée, moins étendue encore que la première et renfermant trois veines dont deux mesuraient 1 m. 33 de puissance. Cette dernière zone serait la plus riche ; cependant, s'il est vrai que le sondage de 1851, ait recoupé 7 niveaux minéralisés et ne soit pas sorti du houiller à 387 mètres.

Exploitée d'abord par Mathieu, puis après 1778 par Tubeuf, qui se fit octroyer en 1781 le monopole des mines du Coutançais, mais abandonna la partie en 1782, la mine fut reprise en 1794, par une Compagnie qui n'ouvrit pas moins de 6 puits de 1794 à 1811. On constata l'enrichissement des houilles en profondeur, mais devant les inondations la Société exploitante renonça à son privilège en 1819.

Le dépôt fut de nouveau concédé en 1828, exploité péniblement en 1829 et 1830, de 1836 à 1843, de 1845 à 1848. A partir de cette date on ne fit guère plus que des opérations de reconnaissance : sondage Kind de 1854, explorations par puits en 1859, 1860 et 1867. Si bien qu'un beau jour la déchéance des concessionnaires fut prononcée.

Le gîte renfermait 350 millions de tonnes dit-on. On n'en a pas tiré 50.000 tonnes. Ceci tient à ce que les exploitants n'ont jamais disposé des capitaux nécessaires à une exploitation rationnelle, à ce qu'ils ont attaqué les dépôts de surface, bouleversés par des accidents éruptifs alors qu'il fallait opérer en profondeur. Il est vrai qu'ils se seraient heurtés dans ce cas à d'énormes venues d'eau, et que la technique minière ne leur eût pas permis alors de les épuiser. En outre, la mine a trop changé de propriétaires et ceux-ci n'ont tenu aucun compte des travaux faits antérieurement. On a gâché l'argent à plaisir.

Enfin on n'a jamais, sauf en 1852, exploré la cuvette, là où il seyait, dans le marais de Gorges où les filons n'ont pas été bouleversés.

Les houilles recueillies étaient de qualité variable. Des échantillons choisis ont donné : carbone fixe, 60,5 à 63, matières volatiles, 33,4 à 35,6, cendres, 3,6 à 3,9.

Le rendement moyen en coke a atteint 65 %. Cette houille grasse qui s'améliorait en profondeur, convenait à la forge, à l'alimentation des chaudières, mais trop souvent les produits étaient souillés de pyrites de fer et surtout de matières schisteuses, bitumineuses ou stériles. La mine du Plessis n'est pas épuisée tant s'en faut. Son charbon n'est pas sans valeur pour la cokéfaction. On peut donc se demander pourquoi la mine n'a pas été remise en service. Vieillard estimait jadis qu'on pouvait y asseoir, après de nouveaux sondages, une entreprise sérieuse et profitable, loin des épanchements éruptifs. Qu'attendons-nous pour suivre son avis autorisé d'autant plus que la dernière découverte lui donne entièrement raison sur la continuité de la formation normande.

*
* *

La concession de Littry, dans la Calvados, a précédé celle du Plessis de peu. Le gîte fut découvert par hasard en 1741 et concédé à M. de Balleroy, maître de forges en 1744.

La concession couvrait 10.006 hectares au nord et au sud de la voie de Caen à Cherbourg.

L'histoire de la mine de Littry rappelle par bien des côtés celles du Plessis. Exploitée par M. de Balleroy de 1743 à 1746 et par la Compagnie de Littry après 1747, la mine ne cesse de coûter à ses propriétaires jusqu'en 1798.

De 1790 à 1840, l'exploitation bien conduite donna les meilleurs résultats et la production annuelle atteignit 50.000 tonnes.

Mais à partir de 1844, les travaux devinrent plus difficiles. On dut successivement s'éloigner de Littry pour opérer vers le nord, à Fumichon, à une certaine distance du chemin de fer, abandonner Fumichon (1879), cesser tout travail (1882), et en fin de compte le sieur Rouxeville, dernier propriétaire, sollicita et obtint en 1888, la suppression de la concession. Le périmètre en avait été modifié à plusieurs reprises (24 nivôse, an XII, 15 Janvier 1853).

De très nombreuses critiques peuvent être formulées contre les exploitants de Littry. Ceux-ci ont abimé le gîte par des opérations inconsidérées ; ils ont insuffisamment exploré la formation en profondeur ; ils n'ont fait aucun effort, sauf vers Moon, où de 1854 à 1856, quelques sondages et trois puits furent exécutés, pour reconnaître le sous-sol entre Littry et le Plessis et même à l'intérieur de la concession, ils n'ont jamais essayé de prospecter la zone comprise entre le bassin Floquet et Fumichon, vers le Molay.

Les couches de Littry sont assez morcelées par des éruptions porphyriques. Il n'y a d'exception que pour la zone de Fumichon où une couche unique et régulière a été observée et utilisée. La direction est en général d'est en ouest. La formation prend au nord dans les bassins de Littry et Noel, à l'est comme dans le bassin septentrional de Fumichon.

On doit donc admettre une jonction entre Fumichon et l'ancien dépôt de Littry.

Le terrain houiller est constitué à Littry par deux étages qu'isole la couche principale ; l'étage supérieur, épais d'ordinaire de 20 à 40 mètres, est composé de schistes, de grès, de poudingues, parfois de calcaires, presque stériles. L'étage inférieur ne renferme jamais de calcaires, mais il recèle des poudingues et des porphyres altérés.

La couche intermédiaire a sensiblement 2 mètres de puissance.

Le houiller, connu au Plessis sur 300 mètres, ne l'a été à Littry, que sur 189 mètres. La houille de Littry accusait 54,5 de carbone, 26,9 de matière volatile, 18,6 de cendres. La proportion de matières volatiles s'élevait à Fumichon à 35 % et celle de carbone à 62 %, la teneur en cendres voisinant 5 à 6 %. C'est ce qui fait qu'on alimenta longtemps de charbon de Littry les usines à gaz de Paris, Le Mans, Versailles. D'ailleurs tant pour réduire la teneur en cendres que pour évacuer le soufre, la Compagnie de Littry procédait à un lavage des houilles avant l'expédition.

Il y aurait donc grand intérêt à reprendre l'exploration de l'ancienne concession de Littry.

LES TRAVAUX RÉCENTS ET L'ENSEIGNEMENT DU PASSÉ

M. Hérault avait été très formel. En 1826, il écrivait dans un rapport demeuré inédit, que le bassin houiller devait être recherché dans l'arrondissement de Saint-Lô, vers Moon, Saint-Clair, Saint-Fromont, Saint-Jean-de-Daye, le Mesnil-Angot, Montmartin-en-Graignes, mais d'autre part il entrevoyait que le dépôt ne saurait être rencontré qu'à de grandes profondeurs.

Les sondages de Moon de 1854-1856, devaient lui donner raison.

La houille fut effectivement décelée entre 75 et 184 pieds dans les veinules orientées E.-O. et pendant au N. comme à Littry, mais on ne recoupa pas la formation principale elle-même située beaucoup plus bas.

M. Vieillard faisant siennes les conclusions d'Hérault, avait de son côté écrit en 1872 : « Un forage bien placé, bien outillé, bien conduit, a les plus grandes chances de rencontrer les assises de la formation houillère entre Littry et le Plessis », vers Saint-André-de-Bohon, ou la gare de Lison spécialement. Cependant il ajoutait qu'il fallait envisager les profondeurs de 350 à 450 mètres.

Enfin, il admettait la possibilité de trouver le gîte au nord des concessions de Littry et du Plessis et à l'est de Littry près du ruisseau du Gril, mais au nord de Littry il faudrait envisager des travaux très profonds, donc très onéreux.

La disette du combustible devait provoquer au cours de la dernière guerre et depuis l'armistice de 1918, un mouvement d'opinion en faveur d'une nouvelle campagne de recherches, en Normandie. Sous la pression des circonstances le gouvernement français se décida à entreprendre des travaux pour son propre compte et il procéda à des sondages aux abords de la concession de Littry.

Les Ingénieurs de l'Etat avaient pu observer d'après les rapports touchants l'ancienne mine de Littry, qu'au nord du bassin Noel (nord du Molay) le terrain houiller tend à se redresser dans la direction de Saon. Le sondage de la ferme du Breuil (1828-1831) après avoir traversé le trias sur 50 mètres était demeuré dans le houiller jusqu'à 139 mètres 15, profondeur à laquelle il fut abandonné.

D'autre part le sondage d'Origny placé aux portes de Sæon (1842) avait rapidement recoupé le calcaire magnésien inférieur aux alluvions superficielles du trias et buté dans les porphyres à moins de 70 mètres de la surface.

Les prospecteurs officiels pensaient donc qu'ils rencontreraient la formation à une moindre profondeur en se plaçant dans cette zone. C'est dans ces conditions qu'ils opérèrent en 1918 à Saonnet-la-Poterie, au nord de l'ancienne limite de la concession de Littry, et au sud de la démarcation de 1856.

Les résultats du sondage furent toutefois négatifs. La sonde recoupa les terrains cambriens sans avoir rencontré le gîte.

Simultanément les ingénieurs de l'Etat portaient leurs investigations beaucoup plus à l'ouest. M. l'Ingénieur en Chef Vieillard avait jadis attiré l'attention sur la zone comprise entre les anciens bassins de Fumichon et de la Rogerie au sud de Bernesq. Si la couche de Fumichon a été à ce point altérée par des éruptions porphyriques, qu'elle devient inexploitaple à la Rogerie, du moins paraissait-il vraisemblable, qu'il en irait tout autrement en se rapprochant du dépôt de Fumichon et Vieillard ne craignait pas d'écrire : « qu'il serait possible avec de sérieuses chances de réussite, d'entreprendre un jour, entre les deux bassins, une exploitation qui rencontrerait la couche du bassin de Fumichon à une profondeur pouvant varier entre 100 et 140 mètres suivant le point où l'on se placerait ».

Les services officiels ont conséquemment essayé d'atteindre la formation à Saint-Martin-de-Blagny, bourg dont dépend un lambeau de Fumichon. Ils n'ont pas été plus heureux qu'à Saonnet et ont recoupé les terrains primaires sans découvrir le gisement.

L'Etat encore une fois, comme à Mestry et à Saint-Jean-de-Daye, n'avait pas connu le succès. A vrai dire, l'échec du sondage de Saonnet était à prévoir, les bouleversements observés à la Rogerie pouvaient donner des doutes sur une favorable issue à Saint-Martin-de-Blagny.

Il eut été préférable de rechercher la continuation du gîte de Littry vers l'ouest, en direction du Plessis et en particulier aux environs de Lison où les calcaires magnésiens qui accompagnent le houiller de Littry affleurent en plusieurs points. C'était l'opinion de Vieillard qui jugeait qu'on devait rencontrer la couche entre Lison et Moon. C'était également l'avis de l'Ingénieur Blariaux, l'un de ceux qui ont le mieux étudié la concession du Plessis.

Sur ces données la Société Civile de recherches de la Basse-Normandie, dont le siège est 42, rue d'Anjou et qui est par conséquent une émanation de la Société du Creusot, entreprit en 1918, un sondage au lieu dit « Porribet » sur la commune de Saint-Fromont au bord de la Vire et à moins de 3 kilomètres à l'ouest de la station de Lison. Ce sondage est en fait voisin de celui de Saint-Jean-de-Daye, dont nous avons parlé et des travaux de Moon effectués en 1754-56, par la Compagnie de Littry.

A 752 mètres de profondeur, la sonde a recoupé une couche de 1 m. 10 de puissance dont les produits présentent sensiblement les mêmes caractères que ceux de Littry. Cette importante découverte donne raison aux hypothèses de Duhamel il y a plus d'un siècle et plus tard de Vieillard qui estimait que les sondages devaient être poussés au-delà de 350 mètres et de Blariaux qui présentait des explorations entre Lison et Isigny.

Les travaux se poursuivent à Porribet. On ignore en effet totalement la nature du gîte et ses conditions d'exploitabilité. Peut-être la formation est-elle moins morcelée, moins bouleversée à une grande profondeur que dans les zones jadis exploitées proches à la surface et fracturées à la suite des éruptions porphyriques. Vieillard, qui a été si bien inspiré l'a jadis admis. Mais nous n'avons encore à cet effet aucune certitude. L'avenir seul nous fixera sur la valeur industrielle du dépôt.

D'autre part on doit se demander si la découverte de Porribet prouve effectivement la continuité du gisement entre le Plessis et Littry entrevue par Duhamel, Hérault, Vieillard et Blariaux, qui faisaient reposer leur conviction sur l'identité des roches encaissantes et des combustibles dans les deux bassins, l'absence de soulèvements ou d'affaissements importants entre les deux concessions, enfin la direction et l'inclinaison des bancs gréseux et schisteux depuis Littry jusqu'à Briquebec en passant par Airel.

Si cette opinion est confirmée par les faits, la formation houillère de la Basse-Normandie présente un intérêt particulier et on pourrait espérer en tirer un tonnage assez important.

Mais ne s'agit-il pas d'une cuvette isolée par des terrains bouleversés ?

M. Termier, l'éminent Membre de l'Académie des Sciences, suppose que le dépôt de Porribet ne se relie pas à ceux du Plessis et de Littry, et qu'un bombement de terrains primaires lui assignerait une étendue limitée.

Il faut donc jusqu'à nouvel ordre, se garder d'appréciations trop optimistes et attendre des résultats nouveaux pour fonder un jugement définitif.

Si, néanmoins, les prévisions favorables se réalisent, il est bien évident que le gîte de Saint-Fromont pourra nous rendre d'utiles services. Il est en effet très heureusement situé à courte distance de la ligne de Paris à Cherbourg, et de la voie de Lison à Lamballe, auxquelles la mine pourrait être raccordée. Il faut également considérer que la mise en valeur du bassin de fer normand tout proche va provoquer l'industrialisation des campagnes du Calvados et de la Manche. La possibilité de trouver sur place du combustible favoriserait singulièrement l'essor économique du pays.

A ce titre du moins les travaux de Saint-Fromont, doivent être suivis par tous avec la plus vive attention.

PAWLOSKI.

L'Information, Janvier, 1920.

Etat des Concessions de Mines de Fer

MINES (Calvados)

MINES DE	SUPERFICIE	DATES DES ACTES INSTITUTIFS	NOMS DES PROPRIÉTAIRES ET EXPLOITANTS
Barbery.........	325 ares	16 août 1900	P. Société des Mines de Barbery.
Bully	402	5 mars 1896	P. Société anonyme des Mines de Bully.
Estrées-la-Campagne.....	780	29 août 1904	P. Société anonyme des Mines de fer de la Basse-Normandie.
Gouvix..........	329	4 mars 1896	P. Gérard, etc... E. Société française des Mines de fer.
Jurques.........	365	26 novembre 1895	P. Drouet, Jules. E. Société française des Mines de fer.
Maltot..........	430	3 juin 1903	P. Société anonyme des Mines de Maltot.
May...........	965	23 juillet 1907	P. Samson et Chollet. E. Société des Mines et des Produits chimiques.
Montpinçon	605	28 mars 1902	P. Morin du Pontavice, Mme de la Mariouse. E. Société des Mines et Forges de Normandie.
Ondefontaine....	559	22 juillet 1902	P. Société française des Mines de fer.
Perrières........	1.460	9 août 1901	P. Société Minière et Métallurgique du Calvados.
Saint-André	389	1er septembre 1893	P. Société anonyme des Mines de fer de Saint-André.

MINES DE	SUPERFICIE	DATES DES ACTES INSTITUTIFS	NOMS DES PROPRIÉTAIRES ET EXPLOITANTS
Saint-Rémy......	750	28 septembre 1875	P. de Croisilles (Henri). E. Société civile des Mines de fer de Saint-Rémy.
Soumont........	773	13 décembre 1902	P. Société des Mines de Soumont.
Urville	255	4 mars 1896	P. Société anonyme des Mines d'Urville.
Garcelles........	1.341 hect.	3 février 1921	Société des Mines de fer de Garcelles.
Fierville........	1.514	3 février 1921	Société Métallurgique de Pont-à-Vendin.
Ouézy..........	2.074	3 février 1921	Société des Mines de fer de la Muance.
Condé-sur-Ifs. ..	1.899	3 février 1921	Société anonyme des Mines de fer du Laizon.
Ouville..........	1.414	3 février 1921	Société Minière et Métallurgique de la Dives.
Saint Pierre-sur-Dives ...	2.069	3 février 1921	Société des Mines de fer de Saint-Pierre-sur-Dives.
Cinglais........	1.165	9 février 1921	Société des Mines de fer de Cinglais.

État des Concessions des Mines au 1ᵉʳ Janvier 1921

(Manche)

MINES DE	SUPERFICIE	DATES DES ACTES INSTITUTIFS	NOMS DES PROPRIÉTAIRES ET DES EXPLOITANTS
Le Plessis.......	4.761	13 mars 1828	P. Société civile des recherches de Basse-Normandie.
Bourberouge.....	1.322	6 janvier 1902	P. de Failly. E. Société française des Mines de fer.
Diélette..	345	28 février 1865 31 janvier 1883	P. Société des Carrières et Mines de Flamen-ville.
Mortain........	1.250	6 janvier 1902	P. Detolle. E. Société française des Mines de fer.
Surtainville.....	407	11 avril 1826	P. Margis (Paul).

État des Concessions des Mines au 1ᵉʳ Janvier 1924

(Orne)

MINES DE	SUPERFICIE	DATES DES ACTES INSTITUTIFS	NOMS DES PROPRIÉTAIRES ET DES EXPLOITANTS
Halouze........	1.210	8 avril 1884	P. Société anonyme des Aciéries de France.
La Ferrière-aux-Étangs.......	1.605	21 février 1901	P. Société Anonyme des Hauts-Fourneaux, Forges et Aciéries de Denain et d'Anzin.
Larchamp.	440	10 avril 1903	P. Société des Mines de Larchamp.
Mont-en-Gérome.	1.490	4 août 1903	P. Société des Mines et Forges de Normandie.
Sées......... ...	649	7 janvier 1921	Société anonyme des Aciéries et Forges de Firminy.

Production en minerais marchands des mines de fer
de la Région Normande

ANNÉES	CALVADOS	ORNE	MANCHE
1902	155.000 T.	2.600 T.	170 T.
1903	170.548	31.412	»
1904	170.60	46.762	20
1905	204.168	81.890	»
1906	230.410	64.240	900
1907	218.651	96.500	6.207
1908	203.956	124.102	1.550
1909	220.738	186.899	8.257
1910	227.344	280.148	10.500
1911	265.411	367.616	3.525
1912	367.575	352.474	32.491
1913	388.923	381.326	41.388
1914 (7 mois)......	389.000	392.093	57.066
1915	49.000	6.879	»
1916	121.000	179.718	»
1917	216.087	265.247	»
1918	341.813	180.934	»
1919	224.104	98.626	»
1920	261.074	95.334	»
1921	376.358	142.458	134
1922	423.910	147.667	8.793
1923	456.890	236.319	28.128
Totaux	5.822.566 T.	3.660.645 T.	199.129 T.

SOUS-ARRONDISSEMENT MINÉRALOGIQUE DE CAEN

Statistique de la Production du Minerai de fer en 1922

	CALVADOS	ORNE	MANCHE	Production totale dans le mois
Janvier	33.012 T.	13.666 T.	»	46.678 T.
Février..........	32.446	8.775	»	41.221
Mars..........	37.559	11.730	154 T.	49.443
Avril..........	33.920	11.523	513	45.956
Mai..........	36.673	12.299	530	49.502
Juin	35.709	10.924	621	47.254
Juillet	33.431	10.169	845	44.445
Août..........	36.568	12.261	1.083	49.912
Septembre	37.873	13.182	1.067	52.122
Octobre...	37.627	12.801	1.314	51.742
Novembre.......	37.168	12.635	1.243	51.046
Décembre	37.258	12.417	2.076	51.751
Totaux..	429.244 T.	142.382 T.	9.446 T.	581.072 T.

Personnel occupé
Calvados : 736 ouvriers.
Orne : 330 —
Manche : 52 —

Production du Minerai de Fer en 1923

MOIS	CALVADOS	ORNE	MANCHE	TOTAUX
Janvier	38 224 T.	15.910 T.	1.242 T.	55.376
Février	37.027	16.018	2.088	55.133
Mars	44.335	17.116	2.191	63.642
Avril	40.239	16.450	1.996	58.685
Mai..........	38.923	18.424	2 600	59.947
Juin	39.873	19.106	3.473	62.452
Juillet	37.538	17.182	2.965	57.685
Août..........	41.836	19.199	3.664	64.699
Septembre.......	41.332	20.436	3.443	65.211
Octobre........	46.560	22 049	3.716	72.325
Novembre.......	45.470	21.274	3.804	70.548
Décembre	43.940	20.377	3.569	67.886
Totaux...	495.297 T.	223.541 T.	34.751 T.	753.589 T.

Personnel occupé
Calvados : 804 ouvriers.
Orne : 475 —
Manche : 72 —

8

Exportation du minerai de fer par le port de Caen

ANNÉES	MINERAI	ANNÉES	MINERAI	ANNÉES	MINERAI
1874 à 1887	65.900 T.	1900	112.620 T.	1913	489.728 T.
1888	5.514	1901	124.737	1914	397.729
1889	26.206	1902	141.171	1915	22.956
1890	43.469	1903	162.588	1916	12.728
1891	46.119	1904	172.361	1917	14.081
1892	63.574	1905	209.179	1918	36.369
1893	75.742	1906	242.576	1919	24.733
1894	80.484	1907	249.259	1920	113.350
1895	81.099	1908	214.046	1921	94.355
1896	74.896	1909	229.890	1922	168.550
1897	98.532	1910	306.404	1923	237.767
1898	96.653	1911	348.250		
1899	89.590	1912	450.895		

TOTAL : 5.444.100 tonnes

La majeure partie de ce minerai a été exportée par l'armement caennais représenté par les Maisons Bouet & Cie, G. Lamy et Cie et Société Charbonnière.

Le Port de Caen est jusqu'ici le seul port de la région exportant régulièrement du minerai de fer. Mais nul doute, que lors de l'exploitation intensive prévue des mines de fer, les ports de GRANVILLE, CHERBOURG, HONFLEUR, disposant alors d'appareils et d'emplacements, ne soient appelés à contribuer à l'exportation du minerai de fer.

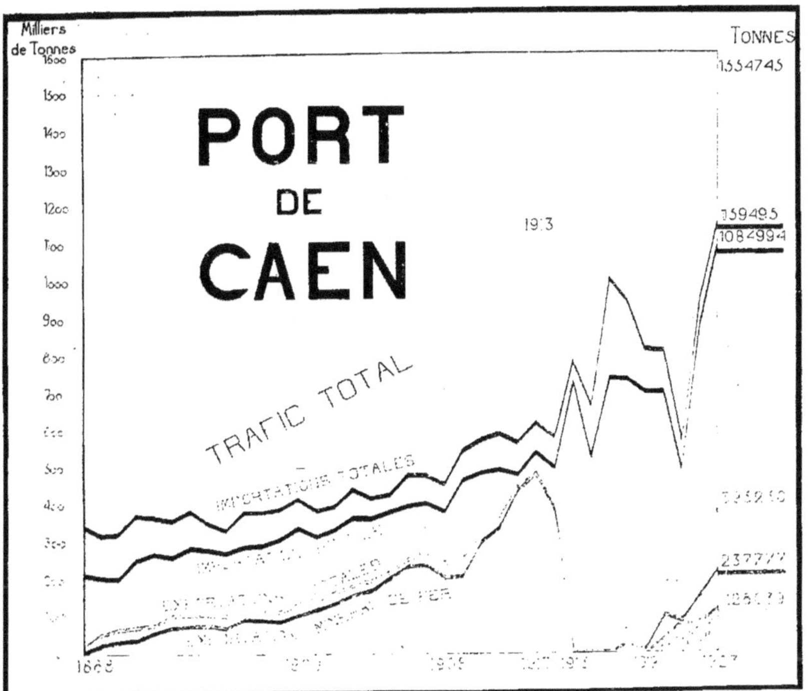

Milliers
de Tonnes
PORT
DE
CAEN
TONNES
1554745
1913
359495
1084994
735910
237772
126070
TRAFIC TOTAL
IMPORTATIONS TOTALES
1660

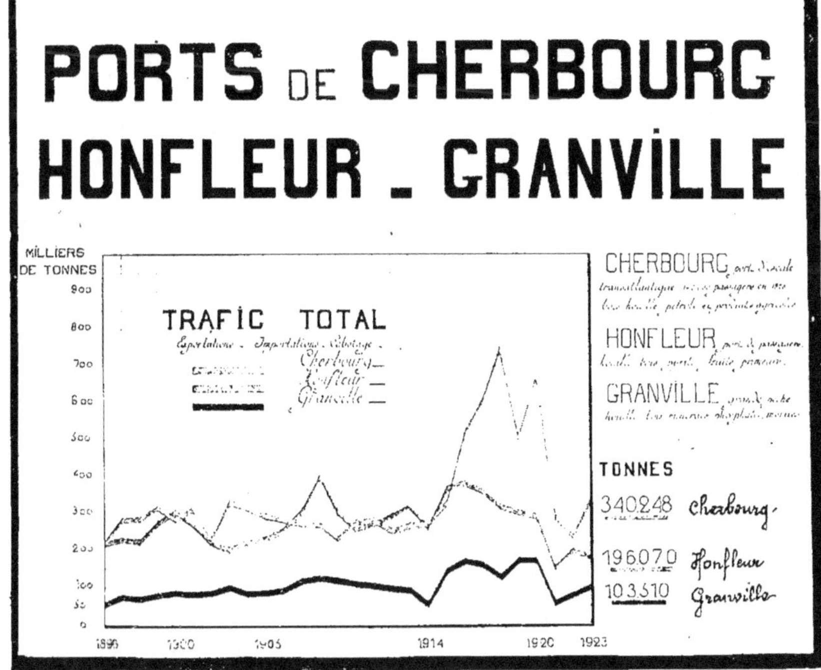

PORTS DE CHERBOURG
HONFLEUR _ GRANVILLE
MILLIERS
DE TONNES
TRAFIC TOTAL
Exportations _ Importations _ Cabotage _
Cherbourg
Honfleur
Granville
CHERBOURG
HONFLEUR
GRANVILLE
TONNES
340248   Cherbourg
196070   Honfleur
103510   Granville
1896   1900   1905   1914   1920   1923

Mines de Fer de Normandie

CALVADOS

Mines Exploitées. — May — Saint-André — Saint-Rémy — Soumont — Jurques — Gouvix.

Mines non Exploitées. — Ondefontaine — Montpinçon — Bully — Maltot — Garcelles — Fierville — Ouézy — Condé-sur-Ifs — Ouville — Cinglais — Saint-Pierre-sur-Dives — Urville — Barbery — Perrières — Estrées-la-Campagne.

MANCHE

Mine Exploitée. — Mortain.

Mines non Exploitées. — Diélette — Bourberouge.

ORNE

Mines Exploitées. — Halouze — La Ferrière-aux-Etangs — Larchamp.

Mines non Exploitées. — Sées — Mont-en-Gerôme.

Production des mines de fer de Saint-Rémy-sur-Orne (Calvados)

De 1901 à 1923

ANNÉES	MINERAI	ANNÉES	MINERAI	ANNÉES	MINERAI
1901	94.179 T.	1909	106.508 T.	1917	99.787 T.
1902	92.513	1910	110.919	1918	111.4 1
1903	101.864	1911	107.527	1919	75.4.8
1904	103.367	1912	106.477	1920	89.864
1905	100.019	1913	78.746	1921	88.581
1906	98.078	1914	65.553	1922	104.057
1907	91.075	1915	30.828	1923	105.571
1908	108.992	1916	78.046		

Total : 2.149.500 tonnes

Exportation par le port de Caen :

En Angleterre, de 1907 à 1923.................. 478.000 tonnes
En Allemagne, de 1907 à 1914 et 1922.......... 437.500 —
Production absorbée en France, de 1915 à 1923.. 600.515 —

Production des mines de fer de Soumont (Calvados)

De 1907 à 1923

ANNÉES	CARBONATE CRU	HÉMATITE
1907	»	741 T.
1908	» T.	7.340
1909	635	25.680
1910	5.983	29.240
1911	19.656	16.900
1912	22.897	47.087
1913	52.825	18.812
1914	17.173	21.507
1915	»	»
1916	»	»
1917	16.774	»
1918	67.157	»
1919	35.705	»
1920	39.928	4.339 6
1921	54.184 1	23.773 3
1922	54.734 5	61.360
1923	80.586 5	60.056
TOTAUX :	468.238^t 1	316 835^t 9

Exportation par le port de Caen :

En Angleterre, de 1921 à 1923 .... 37.534 tonnes
En Allemagne, de 1908 à 1914................ 117.000 —

Depuis 1920, la production de la Mine de Soumont est absorbée par les Hauts-Fourneaux de Caen. Le minerai est amené aux usines par un chemin de fer minier particulier, mais devant desservir toute la région minière lorsque celle-ci sera en exploitation.

Production des mines de fer de Jurques (Calvados)
De 1910 à 1923

ANNÉES	MINERAI CRU	MINERAI CALCINÉ
1910	14.000 T.	10.880 T.
1911	48.000	38.500
1912	70.000	58.000
1913	60.800	41.816
1914	19.920	15.600
1915-16-17-18-19	»	»
1920	720	1.034
1921	10.290	9.047
1922	2.143	1.749
1923	»	88
1924	»	583

TOTAUX : 225.873 T.   177.297 T.

Exportation par le port de Caen :

En Angleterre................................... 14.000 tonnes
En Allemagne, de 1910 à 1914................. 165.000 —

Production des mines de fer de May-sur-Orne (Calvados)
De 1900 à 1923

ANNÉES	MINERAI	ANNÉES	MINERAI	ANNÉES	MINERAI
1900	36.260 T.	1908	62.200 T.	1916	21.302 T.
1901	47.332	1909	59.970	1917	43.640
1902	42.727	1910	46.380	1918	87.796
1903	44.038	1911	53.975	1919	45.256
1904	44.500	1912	81.699	1920	62.159
1905	51.279	1913	100.189	1921	99.500
1906	75.200	1914	68.530	1922	121.060
1907	78.300	1915	»	1923	155.255

TOTAL : 1.548.547 tonnes

Exportation par le port de Caen :

En Angleterre, de 1907 à 1923................. 181.000 tonnes
En Allemagne, de 1907 à 1922 .... 528.930 —
Production absorbée en France, de 1907 à 1923.. 492.000 —

Production des mines de fer de Saint-André (Calvados)

De 1904 à 1924 (Avril)

ANNÉES	MINERAI	ANNÉES	MINERAI	ANNÉES	MINERAI
1904	23.184 T.	1915	17.935 T.	1921	93.294 T.
1906	26.123	1916	31.222	1922	92.621
1910	30.023	1917	35.000	1923	90.755
1912	50.867	1918	40.397	1924	34.256
1913	79.625	1919	61.066		
1914	53.80?	1920	75.115		

TOTAL : 835.291 tonnes.

Exportation par le port de Caen :

En Angleterre, de 1915 à 1923.,................ 46.000 tonnes
En Allemagne, de 1912 à 1914 ι................... 184.000 —
Production absorbée en France, de 1915 à 1923.. 488.000 —

Production des mines de fer de Perrières (Calvados)

ANNÉES	MINERAI
1921	78.400 T.
1922	14.000
1923	pas d'exploitation

TOTAL : 92.400 tonnes.

Production absorbée en France.

Production des mines de fer d'Halouze (Orne)

De 1905 à 1923

ANNÉES	MINERAI	ANNÉES	MINERAI	ANNÉES	MINERAI
1905	» T.	1912	168.551 T.	1919	53.506 T.
1906	6.455	1913	171.702	1920	44.559
1907	37.582	1914	112.857	1921	58.484
1908	82.459	1915	9.028	1922	96.726
1909	127.955	1916	140.000	1923	117.512
1910	148.412	1917	178.648		
1911	193.531	1918	119.934		

TOTAL : 1.867.941 tonnes.

Exportation par le port de Caen :

En Angleterre, de 1910 à 1914 et de 1907 à 1923 ...   212.000 tonnes
Production absorbée en France de 1907 à 1923.. 1.215.270 —

Production des mines de fer de La Ferrière-aux-Etangs (Orne)

De 1903 à 1923

ANNÉES	MINERAI	ANNÉES	MINERAI	ANNÉES	MINERAI
1903	46.550 T.	1910	127.000 T.	1917	86.600 T.
1904	71.785	1911	137.640	1918	61.000
1905	81.890	1912	141.400	1919	42.000
1906	92.300	1913	150.850	1920	32.500
1907	102.700	1914	87.900	1921	42.340
1908	111.700	1915	»	1922	41.780
1909	110.770	1916	39.700	1923	48.280

TOTAL : 1.656.685 tonnes.

Exportation par le port de Caen :

En Angleterre, de 1911 à 1923.................. 272.000 tonnes
En Allemagne, en 1922....................... 8.000 —
Production absorbée en France................. 730.711 —

Production des mines de fer de Larchamp (Orne)

De 1907 à 1923

ANNÉES	MINERAI CRU	MINERAI CALCINÉ
1907	6.484 T.	» T.
1908	18.252	»
1909	19.231	10.177
1910	88.529	83.819
1911	128.646	98.435
1912	142.060	109.959
1913	136.376	108.652
1914	63.834	50.495
1915-16-17-18	»	»
1919	3.120	»
1920	18.275	14.588
1921	44.992	34.657
1922	6.946	5.831
1923	57.749	43.612

Totaux : 734.494 T.   650.225 T.

Exportation par le port de Caen :

En Angleterre, de 1910 à 1913 et de 1920 à 1923.   130.000 tonnes
En Allemagne, de 1909 à 1914.................   254.000   —
Production absorbée en France, de 1909 à 1922...   170.000   —

Production des mines de fer de Bourberouge (Manche)

De 1911 à 1914

ANNÉES	MINERAI
1911	3.527 T.
1912	27.597
1913	37.962
1914	22.937
1915 à 1923	pas d'exploitation

TOTAL : 92.023 tonnes.

Exportation en Allemagne, de 1911 à 1914 . . . .   92.023 tonnes

Production des mines de fer de Mortain (Manche)

De 1913 à 1923

ANNÉES	MINERAI CALCINÉ
1913	7.900 T.
1914	15.000
1922	8.000
1923	28.000

TOTAL : 58.900 tonnes.

Exportation par le port de Caen :

En Allemagne, en 1913 et 1914 . . . .   22.000 tonnes
En Angleterre, en 1922 . . . .   7.000 —

Production des mines de Fer de Diélette (Manche)

Une seule expédition de 2.500 tonnes d'hématite faite en 1914 à destination de l'Allemagne.

Cette mine séquestrée et en partie détruite pendant la guerre vient d'être vendue avec condition de reprise d'exploitation. — (Juin 1924). — Prix d'achat : 7 millions.

Salaires dans les Mines de Fer dans la région Bas-Normande

CALVADOS

1913	1914	1915	1916	1917	1918	1919	1920	1921	1922	1923
6.50	7.00	7.00	7.00	»»	8.00	10.00	12.00	14.00	14.00	14.00

Nota. — Dans les mines de Saint-Rémy et de Gouvix, les ouvriers touchent une allocation familiale de **0 fr. 20** centimes par jour ; dans la mine de Soumont, de **0 fr. 40**.

ORNE

1913	1914	1915	1916	1917	1918	1919	1920	1921	1922	1923
6.00	6.00	»»	6.00	»»	7.00	10.00	12.00	14.00	14.00	14.00

Nota. — Dans la mine de Larchamp, les ouvriers touchent pour chaque enfant, une allocation de **0 fr. 40** par jour ; dans les autres mines, l'allocation est de **0 fr. 32** pour le premier enfant, **0 fr. 40** pour le deuxième et **0 fr. 48** pour le troisième et suivants.

(*Bulletin du Ministère du Travail*, Décembre 1923).

GARES LES PLUS IMPORTANTES DE LA RÉGION ÉCONOMIQUE DE BASSE-NORMANDIE POUR LE MINERAI DE FER 1922

Caen	393.513	(Arrivages)
Le Chatelier	130.519	(Expéditions)
Feuguerolles-Saint-André	216.132	(Expéditions)
Saint-Bomer	51.459	(Expéditions)
Saint-Rémy	103.297	(Expéditions)

Soit un total de : 511.607 tonnes de minerai expédiées des gares de Feuguerolles, Le Chatelier, Saint-Rémy, Saint-Bomer, à destination, soit de Caen-Port, pour être exportées, soit de Caen pour les Hauts-Fourneaux, ou pour l'intérieur du pays.

Le Chemin de fer minier partant de Soumont et aboutissant aux Hauts-Fourneaux, accuse un trafic de : 140.000 tonnes provenant de la Mine de Soumont.

OUVRAGES A CONSULTER

Bulletin de la Chambre de Commerce de Caen de 1908 à 1923

Bulletin de la Région Économique de Basse-Normandie de 1920-1924

A. Pavlowsky. — Une Normandie inconnue (1911).
— Le Sous-Sol de la France (1913).
— La Normandie minière.
— La Région Economique Normande.
— Les ressources en fer de l'Ouest français (1914).

F. Engerand. — Le Fer sur une Frontière (1919).

Guillet. — La Métallurgie du fer (1920).

Le Chatelier. — Métallurgie d'hier et de demain. (1919).

De Maulde. — Les mines de fer et Industries métallurgiques dans le Calvados (1910).

Lemarec. — Le Port de Caen et les mines de fer.

R. Devaux. — Le Mouvement industriel dans les départements normands (1913).
— Compte rendu des travaux de la Chambre de Commerce de Caen (1909 à 1914).

Franck. — La Région Economique de Basse-Normandie (1921).

Claveille. — Nos Ports (1921).

Hersent. — Rapport sur la mise au point de l'Outillage maritime (1918).

Vallaux. — Etudes Economiques sur le projet du Canal Loire-Manche (1920).

Herubel. — Le Port de Caen et la Basse-Normandie (1913).

Kerforne. — Les richesses minérales du Massif breton (1919).

De Felice. — La Basse-Normandie (1907).

Bigot. — La Basse Normandie (1913).
— Le Bassin minier de la Basse-Normandie (1913).
— Sur la terminaison occidentale du synclinal de la Brèche au Diable (1912).

Cayeux. — La structure du Bassin d'Urville (1912).
— Prolongement oriental de la formation ferrugineuse du Bassin de May (1914).

P. Lemoine. — Les minerais de Normandie et de Bretagne (1913).
— Les recherches minières en Normandie (1914-15).

D. Œhlert. — Sur les minerais de fer ordoviciens de la Basse-Normandie et du Maine (1918).

V. Bruneau. — L'Allemagne en France (1914).

R. PINOT. — Le Comité des forges de France au service de la Nation (1919).

P. GIDEL. — Les grands ports français (1922).

R. LECHATELIER. — Les Hauts-Fournaux de Caen (1913).

P. NICOU. — Les gisements de minerai de l'Est et de l'Ouest de la France (1921).

F. ENGERAND. — Rapport au nom de la Commission d'enquête sur le rôle et la situation de la Métallurgie en France. (Journal Officiel, 16 avril 1919).

S. BRULL. — L'extraction du minerai de fer dans le Bassin Normand (1901).

L. LECORNU. — Sur la métallurgie du fer en Basse-Normandie (1884).

L. PRALON. — Minerai de fer carbonaté de Normandie. (Annuaire des Mines 1901).

CH. E. HEURTEAU. — Notes sur les minerais de fer siluriens de Basse-Normandie. (Annuaire des Mines (1907).

J. LEVAINVILLE. — Industrie du Fer (1922).

Rapports de MM. les Ingénieurs des Ponts et Chaussées, des Départements du Calvados, Orne, Manche.

Annuaire de la Chambre syndicale des mines de fer de France.

Bulletin de la IVe Région Economique (1920-1924).

Statistiques générales de la France (Ministère du Travail).

Tableau général du Commerce et de la Navigation (Ministère du Commerce).

Evaluation de la Production (Ministère du Commerce).

Le Livre du Centenaire de la Chambre de Commerce de Caen (1921).

Bulletin de la Société Industrielle de l'Ouest.

Revue de l'Alliance française.

Articles parus de 1910 à 1923 en particulier dans : La Grande Revue. — Le Journal des Economistes. — L'Action Nationale. — La Revue de Métallurgie. — La Ligue Maritime. — L'Information. — Le Journal de Rouen. — Le Temps. — Les Débats. — Le Figaro. — Le Lloyd Français. — Le Petit Parisien. — Le Petit Journal. — L'Ouest-Eclair. — Le Monde Industriel et Commercial. — Le Génie Civil. — L'Usine. — L'Echo des Mines et de la Métallurgie. — La Revue Noire. — La Revue Economique Internationale. — L'Evolution Economique. — La Revue Générale des Sciences pures et appliquées. — L'Action Française. — La Bataille Syndicaliste. — La Croix du Calvados. — L'Humanité. — Le Journal de Caen .— Le Moniteur du Calvados. — Le Bonhomme Normand. — L'Illustration Economique et financière. — La France Economique et Financière. — L'Outillage. — La Technique Moderne. — Mines et Carrières. — Bulletin de la Société Géologique de France. — La Géographie. — Les Annales de Géographie.

TABLE DES MATIÈRES

12.408. — Société d'Impression de Basse-Normandie, 10, rue de la Monnaie, Caen

www.ingramcontent.com/pod-product-compliance
Lightning Source LLC
LaVergne TN
LVHW020534060726
842525LV00004B/1187